CONTENTS

002：INTRODUCTION

CASE STUDY #01
■ SELECT
006：SOSHI-Muzicのスニーカー選び

CASE STUDY #02
■ D.I.Y/リペア
011：2000円で投げ売りされていたスニーカーを復活させる
020：変色が進んだソールにフレッシュな輝きを取り戻す
034：プロショップに学ぶアウトソールの再接着
044：定番グッズで踵が削れたスニーカーをリペア

CASE STUDY #03
■ D.I.Y/グッズ
050：アッパーの目立つ傷はレタッチで補修
052：スニーカー専用塗料でタッチペンを作る
054：スニーカークリーニングの便利ツール
058：専門ブランドのシューレースで高級感をプラス

■ GALLERY
062：スニーカーリペアで復活したかつての名作

CASE STUDY #04
■ SOLE SWAP & ALL SOLE
064：ソールユニットの交換

CASE STUDY #05
■ SOLE SWAP
072：ナイキ エアバースト2のソールスワップ
088：ナイキ エアマックス95のソールスワップ
098：ナイキ エアフォース1のクッショニング材交換
108：ナイキ エアジョーダン1のソールスワップ

CASE STUDY #06
■ ALL SOLE
126：ナイキ ブレイザーのオールソール

■ CUSTOMIZE KICKS MAGAZINE COLUMNS
140：加水分解は何故起こるのか
141：劣化した合成皮革は加水分解と同じ
142：製法を知ればリペア工程の進め方が見えてくる

Introduction

PROFILE

『molee』

アメリカンカルチャーと距離が近い沖縄在住のスニーカーヘッズ。1996年に米国のスポーツショップ"フットロッカー"別注モデルとして発売され、2019年 7月時点で復刻されていないエアバースト2のソールスワップに早くから注目。別注スニーカーブームを体験した世代を刺激して、スニーカーリペア挑戦への背中を押した。その結果エアバースト2の取引価格が上昇。ファーストカラーの"トリコロール"であれば、履けないコンディションであっても 2万円以上で取り引きされるケースも決して珍しくない。

AIR BURST 2
ソールスワップ

製作レポートは
P.072 に掲載
>>

INTRODUCTION

エコ目的の修理とは一線を画す

「スニーカーリペア」と言う贅沢な趣味。

10年経ったスニーカーが壊れるのは当たり前。
だからこそリペアして履くスニーカーライフが注目されている。

スポーツシューズとして開発されたスニーカーは、今やストリートシーンに欠かせないファッションアイテムへと昇華した。現代のスニーカーブームにおいては、学生時代に手が届かなかった憧れのモデルが復刻し、世界的なアーティストやファッションブランドとのコラボレーションアイテムが登場。スニーカーヘッズと呼ばれる愛好家の物欲を刺激し続けている。ただ、その多くは入手が困難で、欲しいと感じたスニーカーを手軽に購入できないのも現実だ。こうした背景があれば毎日のように発売される新製品のスニーカーだけでなく、経年劣化で履けなくなった往年の名作スニーカーのリペアにスポットライトが当たるのも必然なのだ。耐久性よりも瞬間的なパフォーマンスが求められるスニーカーの場合、発売か

ら10年も経てば"履いているうちに壊れないか"と心配になるケースが少なくない。その時にリペアの知識と技術を身につけていれば、気兼ねなく履きたいスニーカーを履けると言うもの。本書はそうしたニーズに応え、効率的なクリーニングからソールを交換する"ソールスワップ"まで、様々なスニーカーリペア事例を紹介する1冊である。現代のスニーカー人気を反映してナイキのスニーカーを取り上げているが、基本的な工程は他のブランドにも応用できるはずだ。スニーカーリペアは"勿体ない"精神に基づくエコな趣味ではなく、本当に履きたいスニーカーを楽しむために習得すべきスキルと言える。本書で紹介するコンテンツが、新製品だけに振り回されるスニーカーライフからの脱却の一助となれば幸いだ。

お気に入りの
スニーカーは
リペアして履く

AIR JORDAN 1
RETRO HIGH DMP "BRED"
ソールスワップ

製作レポートは
P.108 に掲載
>>

AIR JORDAN 11
"SPACE JAM(2009)"

アウトソールリペア

製作レポートは
P.020 に掲載
>>

見た目だけでなく
耐久性を復活させて
安心して履き倒す

PROFILE
『SOSHI-MUSIC』
スニーカー系 YouTuberのトップランナー。UUUM所属。自身が運営するYouTubeチャンネル『SOSHI-Net』にて、最新スニーカー情報や古着を探すVLOGなどを配信中。最近は過去の名作スニーカーを紹介する回も増え、幅広い世代から支持を集めている。

CASE STUDY
#01
SELECT/選ぶ

事前に発売情報が出回るニューモデルとは違って、何があるか分からないデッドストックスニーカーには宝探しのような楽しさがある。

model：SOSHI-Muzic　撮影協力：WORM TOKYO

Select Start

01 店内に陳列されたレアスニーカーには目もくれず、棚下のデッドストックコーナーをリサーチ。タイミングが良ければココにお宝が眠っている。

02 早速1999年に発売されたエアチューンドマックスを発見。英国のラッパー"スケプタ"も愛したハイテクスニーカーだ。

03 未復刻モデルを中心に次々とお気に入りスニーカーをピックアップ。セレクト基準はスニーカーのウンチクだけでなく、見た目のカッコよさも重視。

04 WORM TOKYOは買い取り品の販売が前提なので、入荷状況によっては好みのスニーカーが1足も見つからないこともあるそうだ。

実物を見てカッコいいと直感して購入したスニーカーはリペアして履く価値があると思う。

スニーカー情報の発信地である原宿エリアで、密かなブームになっているのがデッドストックと呼ばれるスニーカーだ。その多くは発売から相応の時間が経ち、経年劣化が進んでいる。持ち上げるだけでソールが崩れ落ちるスニーカーも少なくない。これまでは朽ちてしまったスニーカーは貴重な資料としてボックスに入れたままストックするか、泣く泣く捨てるかしか無かったが、スニーカーのリペアスキルが共有されるようになり、リペアして履く前提で買い求めるファンが増えていると言う。今回は魅力的なデッドストックスニーカー選びの一旦をYouTuberのSOSHI-MUZICさんに紹介して頂いた。

#SELECT

Soshi Select

古いスニーカーのアッパーに復刻モデルのソールを貼り付けるソールスワップが注目されている。ソールスワップを成功させるには、同じデザインのソールが復刻されているか否かが重要だ。その具体例として、同じソールデザインの復刻モデルが存在するスニーカーと、同じソールが発売されていないスニーカーをピックアップして紹介しよう。

ソールスワップの詳細は P.064 から >>

EASY TO REPAIR
同じソールデザインの復刻モデルが発売されているスニーカー

AIR MAX 95
復刻モデルが多数ラインアップするエアマックス95はソールスワップの大定番。

AIR JORDAN 4
復刻版が入手困難なAJ4には同じデザインのソールを採用する廉価版が存在している。

AIR JORDAN 5 RETRO+
AJ5の復刻モデルには人気のバラつきが大きく安価で入手できるチャンスが少なくない。

DIFFICULT TO REPAIR
同じソールデザインの復刻モデルが発売されていないスニーカー

AIR TUNED MAX
コアなファンが存在するチューンドマックスはソールスワップ向けの復刻モデルが存在しない。

AIR MUCH UPTEMPO
アッパーのデザインはモアアップテンポに似るがソール形状が異なっている未復刻モデル。

AIR GRIFFEYMAX2
グリフィーマックス2自体の復刻版は存在するがカソールのラーが異なるのが悩みどころ。

Pro Shop

#SELECT

PRO SHOP 1

プレミアモデルとデッドストックの両方が手に入る
スニーカーファンが目指すべき聖地

原宿エリアのWORM TOKYO（ワームトウキョウ）は、スニーカーの販売と買取を行うショップ。モデルによっては変色や加水分解したスニーカーも買い取ってくれるので、売る側にも頼りになる存在だ。

SHOP INFORMATION
『WORM TOKYO』
東京都渋谷区神宮前2丁目26-5 2F
TEL：03-6303-4613
営業時間：火〜土/11:00〜20:00
日、祝日/11:00〜18:00
月曜定休
https://wormtokyo.jp/

CASE STUDY #01　SELECT / SOSHI-MUSIC

PRO SHOP 2

始める前に相談しておきたい
スニーカーのリペアとカスタマイズの専門店

古着の街として知られる高円寺にオープンしたJUNKYARD（ジャンクヤード）はスニーカーリペアから買い取りまで、幅広いサービスを展開する専門店。リペアの相談にも気軽に対応してくれる。

SHOP INFORMATION
『JUNKYARD高円寺』
東京都杉並区高円寺南3丁目53-8
TEL：03-5913-7690
営業時間：10:00〜19:00
定休日は直接お問い合わせください
https://junkyyard.net/

009

CASE STUDY
#02
D.I.Y／リペア

スニーカーリペアと聞くと特別なスキルが
必要な趣味に聞こえるかもしれないが、
浅草でカスタムスニーカーなどを制作する
NAOKI氏によれば、によれば、
正しい手順を知れば
決してハードルは高くないと言う。
ここからは実際に
1足のスニーカーをリペアして、
今日から始められる
スニーカーリペアの世界を紹介しよう。

取材協力：NAOKI HARADA（FORCE）

CASE STUDY #02

D.I.Y/リペア① » AIR FORCE 1

2000円で投げ売りされていた AIR FORCE 1を ストリートで楽しめるレベルに復活させる

リユースショップで実際に2000円にて発売されていたエアフォース1。
NBAロサンゼルス・レイカーズのチームカラーをフィーチャーした1足だ。
そのルックスは人気も高く、ユーズドながらレザーの状態も悪く無いため2000円と言う
プライスは破格に感じるが、ソールの変色を確認するとこの価格設定に納得。
今回はこのエアフォース1をストリートで映える逸品にリペアする。

主な取得スキル

- ■ アッパー及びソールのクリーニング P.012
- ■ レザー素材のメンテナンス P.014
- ■ ミッドソールのホワイトニング P.015
- ■ シューレース交換によるドレスアップ P.018

CASE STUDY #02
D.I.Y/リペア① >> AIR FORCE 1

Start REPAIR SKILL 1 アッパーのクリーニング
発色のケアと履きジワのメンテナンス

リペアするスニーカーがユーズド（着用済み）の場合、全体をクリーニングするのがお約束。単純なアッパーやソールの汚れは"エイジング"と表現される使い込み感とは異なるチープなもの。"汚れも味わいのうち"などという妙なコダワリは、周囲から見れば不快でしかない。お気に入りのスニーカーであればこそ、クリーニングそのものを楽しむべきだ。

Repair Start

01
アッパーに本革を使ったスニーカーの場合、クリーニングにはシューズ用のブラシをお勧めしたい。このブラシには主に豚毛と馬毛があり、豚毛は比較的硬く、アウトソールなど力を入れて洗う時にも最適。馬毛は適度な柔らかさとコシがあり、本革のアッパーに適したブラシと言える。

02
スニーカー専用の洗剤はどのブランドでも充分な洗浄力を発揮する優れもの。中でもボトルをプッシュすると泡が出るフォームタイプは使いやすい。必要最低限の水分しか使わないため、なるべくスニーカーを濡らしたくない人も安心。ブランドごとに泡の固さが異なるので、好みに合わせて選ぼう。

03
ユーズドスニーカーの場合、履きジワに入り込んだ汚れを落とすのが肝心。ダメージが進んでいるように見えて、汚れを落とすだけで見違えるように見違えるように見栄えが良くなるケースも珍しくない。シワが入っている向きに合わせ、無理な力を入れず丁寧にブラッシングを繰り返そう。

04
クリーニングの仕上げはしっかりと水分を拭き上げる点に尽きる。スニーカーの経年劣化対策の面では、水分は大敵なのだ。拭き上げには一般的なハンドタオルでも充分だが、100均ショップに行けば柔らかく、吸水性に優れたマイクロファイバー製のウエスが手に入るので活用したい。

HOW TO KICKS REPAIR

REPAIR SKILL 2
ソールのクリーニング
ソールクリーニングに必須の便利ツール

古着屋で見つけたスニーカーを手に取った時、ソールの汚さにゲンナリした経験を持つ人もいるだろう。実用品としてスニーカーを選ぶ人であればソールをクリーニングする発想すら湧かないのだ。だた、ソールが汚れたスニーカーは買い得な価格設定になっているケースも多く、スルーするのは勿体ない。お宝スニーカーを格安で購入して、ストリート映えするコンディションに戻してあげよう。

05 デリケートなアッパーに比べ耐久性のあるソールユニットは、便利なツールを活用して効率よくクリーニングしたい。今回は電動ブラシ"ソニックスクラバー"で一気にクリーニングしていく。風呂場の掃除も想定したブラシだけに防水性も安心だ。ソニックスクラバーの詳細はP.054から→

06 アウトソールを一気にブラッシング。激しい汚れも力を入れずにクリーニングでき、みるみる汚れが落ちる様は快感だ。今回はアウトソールにもフォームタイプの洗剤を使用したが、泡が簡単にアッパー側に垂れないので、アッパーを濡らさずソールだけをクリーニングする際にも使いやすいだろう。

07 アウトソールの細かい溝状のディテールは、クリーニングが難しいスニーカーファン泣かせの部分。これもソニックスクラバーであればヘッドのブラシを交換してクリーニングが可能だ。さらに汚れが落ちにくい部分があれば、使い古した歯ブラシで磨いてあげよう。

08 片足のみ約10分のブラッシングを施した状態。全体の汚れが落ちただけでなく、アウトソール本来のパープルカラーが復活しているのが分かるだろうか。ユーズドで手に入れたスニーカーでも、しっかりとクリーニングすれば部屋を彩るインテリアとしても活躍してくれるのだ。

CASE STUDY #02
D.I.Y/リペア① >> AIR FORCE 1

REPAIR SKILL 8

レザーアッパーの柔軟性確保
スニーカーの基礎化粧品と言うべきデリケートクリーム

クリーニングを施したレザーアッパーは、汚れだけでなく、柔軟性に欠かせない栄養も抜け、そのまま放置するとレザーが硬化して、ひび割れのリスクが高くなってしまう。その対策に必要なのが"デリケートクリーム"と呼ばれる皮革製品用栄養クリームだ。デリケートクリームはレザーに潤いと栄養を補給するもので、レザースニーカーの"基礎化粧品"と言うべきアイテムだ。

09
店頭やWebショップで入手しやすいデリケートクリームとしては、イタリア製のM.MOWBRAY（エム・モゥブレィ）などが代表的で信頼性も高い。比較的水分が多く水に弱いレザーだと色ムラが発生しやすいという評価もあるが、スムースレザー（表革）のスニーカーであれば問題なく使用できる。

10
デリケートクリームを塗る手のひらサイズの専用ブラシは"ペネトレイトブラシ"と呼ばれている。このペネトレイトブラシにも豚毛と馬毛が発売され、一般的には豚毛タイプの方が安価だ。ただスニーカーの事を考えると、可能であれば比較的毛足が柔らかい馬毛タイプを用意したいところ。

11
アッパー全体に円を描くようにデリケートクリームを塗りこんでいく。最後に拭き上げるため厚塗りする必要は無いが、塗り残しの無いよう注意したい。最近はスニーカーに防水スプレーを吹くのも一般的だが、スプレーの前にデリケートクリームを塗ると耐久性の向上に期待できる。

12
最後にマイクロファイバーのウエスで拭き上げて完了。アッパー全体から自然な光沢と柔らかな手触りが感じられる。今回使用したM.MOWBRAYはベーシックなものだが、蜜蝋を配合してツヤ出し効果を向上させたタイプなども発売されているので、レザーの質感と目的に応じて使い分けたい。

HOW TO KICKS REPAIR

REPAIR SKILL 4

ミッドソールのホワイトニング①
これまでの不可能を可能にしたアウトソールクリーナーを活用する

ここで紹介するAF1のように、俗に"日焼け"と呼ばれるソールが変色する現象は修復が不可能とされ、ヴィンテージさしさを醸し出す"味わい"として納得するしかなかった。ところが近年ソールの変色を直写日光の力を利用して、ホワイトニングするアウトソールクリーナーが発売されている。プロショップも利用するアイテムで、片足だけ日焼けしたAF1をリペアしていこう。

13 今回使用したアウトソールクリーナーはVIOLET BRIGHT（バイオレットブライト）。塗布用のハケやウエスがセットになった商品も発売されている。他ブランドからも同様の効果をうたったアウトソールクリーナーが発売されているが、VIOLET BRIGHTが最も入手しやすいようだ。

14 VIOLET BRIGHTは直射日光を使用するため、ホワイトニングを施す部分以外は熱による変形や退色から素材を守る目的からアルミホイルなどでカバーする必要がある。アウトソールを保護する部分は、アルミホイルにソールを押し当て型を付けてハサミで切り抜けば簡単だ。

15 ホワイトニングを必要とする部分以外に薬剤が付かないようにマスキングテープを貼っていく。AF1のミッドソールの場合は他パーツとの境界線が直線的で、非常にマスキングしやすいのが特徴だ。曲線が多いモデルの場合は、予めテープをカーブ状にカットしておくとマスキング処理がやりやすくなる。

16 ミッドソールと他パーツの境目をマスキングし終えたら、アッパーとアウトソールをアルミホイルで覆い、さらにマスキングテープで固定しよう。アルミホイルの境目が気になる箇所があれば念のためマスキングテープで塞ぎ、薬剤が流れ込まないように配慮すると安心だ。

ミッドソールのホワイトニング②
アウトソールクリーナーを使用するリペアの下準備

REPAIR SKILL 5

VIOLET BRIGHTを個人が使用したレビューでは、薬剤が他の場所に付着しても問題ないという声がある反面、AJ11などのパテント（エナメル）素材に付着して跡が残ってしまったという注意すべきレビューも確認できる。いずれも実際の使用環境を確認できないため検証しかねるが、ホワイトニングを施す部分以外はしっかりと保護してから薬剤を塗布するのがお勧めだ。

17 予めクリーニングしたミッドソールにVIOLET BRIGHTの薬剤を直接乗せていく。この際、ソール部分が汚れているとホワイトニング効果を低下させてしまうため注意が必要だ。薬剤は透明なゲル状だがそれほど硬くは無いので、誤って他の部分に流れないよう安定した場所で作業したい。

18 ミッドソールに乗せた薬剤をハケや筆で全体に伸ばしていく。このミッドソールには"AIR"の文字がイエローでペイントされているが、VIOLET BRIGHTは変色した素材を元のカラーに戻すクリーナーのため、一般的なペイントであれば特に変色するようなリスクはないようだ。

19 ミッドソール全体にVIOLET BRIGHTを塗り終えたらソール全体をラップで覆う。屋外で直射日光を当てる前提のため、ホコリや虫が付かないためにも必須の作業となる。覆ったラップは輪ゴムやマスキングテープで固定するが、ミッドソールに干渉して影にならないように注意したい。

20 オフィシャルの説明ではアッパー側をラップで覆う必要は無いと書かれているが、万が一の液だれリスクを考慮して、今回はアッパー側もラップで覆う事にした。透明なラップでも何枚も重ねるとそれなりの遮光効果を発揮してしまうため、ホワイトニングする部分に重ならないよう配慮しよう。

HOW TO KICKS REPAIR

REPAIR SKILL 6

ミッドソールのホワイトニング③
プロも使用するアウトソールクリーナーの実力は如何に?

近年増えつつあるスニーカーリペアのプロショップも使用するアウトソールクリーナーは、ここで紹介するVIOLET BRIGHTに加え、カスタムペイント用塗料でお馴染みのangelus社からSOLE BRIGHTが発売されている。それぞれ薬剤の色に違いがあるが、ソールをクリーニングして薬剤を塗り直射日光に当てる工程は同じなので、入手しやすい商品を選ぶと良いだろう。

21 準備が整ったシューズを日光に当てていく。オフィシャルの説明では「必ず直射日光で」と念を押していたが、取材初日は生憎の明るい曇り空。約4時間屋外に放置するも残念ながら明らかなホワイトニング効果は確認できず。後日、晴天時に改めて試すことにした。

22 晴天に恵まれたタイミングを見計らい、再度ホワイトニングに挑戦。効果が期待できるとされる上限の8時間で直射日光に当てたところ、新品同様とまではいかないが、元のコンディションを考慮すると驚くほどミッドソールが白くなっている。イエローのペイント文字に影響が無い点も確認できるだろう。

23 元々変色が少なかった右足と比べても、どちらがホワイトニング処理したソールか見分けが付かない仕上がりに。P.011に掲載した画像と比較すると違いは歴然で、ストリートで問題なく着用可能なルックスだ。スニーカーリペアのプロショップが採用するのも納得のクオリティと言える。

24 見事なホワイトニング効果を発揮したVIOLET BRIGHTは、前記した通り、ホワイトソールやクリアソールを元のカラーに戻すアイテムだ。画像のスニーカーのように、ヴィンテージ感を醸し出すため黄色っぽく染めたソール（ヴィンテージ加工ソール）には効果が無いので念のため。

CASE STUDY #02
D.I.Y/リペア① >> AIR FORCE 1

#D.I.Y

REPAIR SKILL 7

シューレース交換によるドレスアップ
専門ブランドのクオリティを活かしてスニーカーを演出

多くのスニーカーで欠かせないシューレース（靴紐）。スニーカーにリペアを施してフレッシュに仕上げても、シューレースが如何にも古臭くては台無しだ。幸いなことに現代のスニーカーシーンではシューレースにも専門ブランドが存在する。リペアを目的に本来のシューレースを外したタイミングは、ハイクオリティな専門ブランドのシューレースに交換するチャンスでもある。

25 ホワイトニングが完了したスニーカーは、ソールに残った薬剤を洗い流す必要がある。その際にアッパーが濡れてしまった場合は、充分に乾燥させてから再びデリケートクリームを塗布しよう。面倒であっても、このひと手間が後々のコンディションに大きく左右すると割り切るのが正しい。

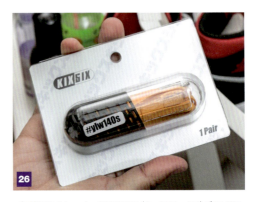

26 今回用意したシューレースはKIXSIX（キックスシックス）ブランドのWAXED SHOELACE（CAPSULE）だ。税別で1800円とスニーカーの購入金額とほぼ同じだが、イエローの発色がスウッシュのカラーに近く、当初から交換を予定していた。KIXSIXの詳細はP.058から→

27 WAXED SHOELACEの商品名通り、このシューレースの表面にはワックスが引かれている。細かい織り目と鈍い光沢がレザースニーカーとの相性が抜群だ。オリジナルのシューレースに拘りを持つのも正解だが、手間をかけたスニーカーだからこそ、特別な仕上がりに挑戦するのも悪く無いだろう。

28 オリジナルよりも短めのシューレースを装着すると、都会のストリートシーンで良く見かける"シューレースを結ばないスタイル"が楽しめる。履いているうちに脱げてしまいそうにも思えるが、ただ歩く（普段履き）レベルであれば、意外なほど普通に使えてしまう。

HOW TO KICKS REPAIR

REPAIR SKILL 8
リペア完了
僅かなケアで蘇った名作スニーカー

2000円で購入したスニーカーを"使えるスニーカー"にリペアする作例は全行程に2日を要したが、天候に恵まれ、道具が揃っていれば1日で完成できる。その出来栄えはご覧の通り。これを5000円でも購入したいと感じるか、2000円なりのスニーカーと評価するかは人それぞれだろう。それでも当初に挙げた「2000円で投げ売りされていたAIR FORCE 1をストリートで楽しめるレベルに復活させる」という目標は充分に達成している。アッパーやソールのクリーニングは、手軽で効果を実感しやすいリペアスキルだ。

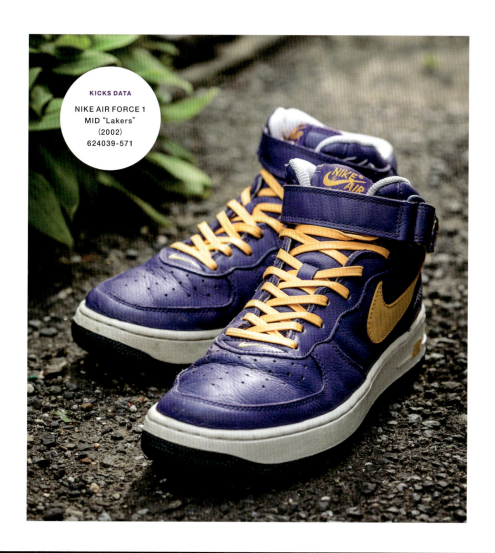

KICKS DATA
NIKE AIR FORCE 1
MID "Lakers"
(2002)
624039-571

CASE STUDY #02

D.I.Y/リペア② » AIR JORDAN 11

変色が進んだクリアソールに フレッシュな輝きを取り戻す

半透明のラバー素材を使用したクリアソールは、ハイテクスニーカーには定番のディテール。
そのクリアソールは他素材には無い美しさを醸し出すが経年劣化で変色しやすく、
グッドコンディションで楽しめる期間はそれほど長くはない。
ここで紹介する2009年に発売されたエアジョーダン11（以下AJ11）"SPACE JAM"の
クリアソールも、10年の時間を経て黄色く変色している。
ここからはAJ11のアウトソールにホワイトニング処理を施して、2009年当時の輝きを再現していく。

取材協力：NAOKI HARADA（FORCE）

主な取得スキル

- ■ソールユニットのクリーニング P.021
- ■アウトソールのホワイトニング P.022
- ■アウトソールの再接着 P.026

CASE STUDY #02
D.I.Y/リペア② >> AIR JORDAN 11

ソールユニットのクリーニング
ホワイトニング効果を高める基本作業

Start
REPAIR SKILL 1

アウトソールクリーナーを使ったホワイトニングを行う際、効果を確実に引き出すためには念入りなクリーニングが欠かせない。年代物のスニーカーであれば可能な限り濡らしたくないと考える気持ちも分かるが、ホワイトニング処理の最後には薬剤を洗浄する必要が生じるため、多少濡れてしまうのは避けられない。ここは割り切ってクリーニングして、しっかり乾燥させるのが正解だ。

Repair Start

01
AJ11のアイコンディテールとも言えるクリアソールでは避けられない、紫外線や経年劣化による素材の黄ばみ。新品時の美しさが際立っていただけに、どうしても古さを感じてしまうファン泣かせの症状だ。かつての美しさを復活させるリペアは、多くのファンにとって朗報となる。

02
アウトソールクリーナーの効果を説明書通りに引き出すためには、事前にしっかりとクリーニングする必要がある。またAJ11のソールには小石が挟まりやすいが、異物を残したままホワイトニング処理を行うのは論外だ。汚れだけでなく、隙間に残った異物も排除しておこう。

03
アウトソールをスニーカー専用洗剤とソニックスクラバーで一気にクリーニングしていく。この時にフォーム状の洗剤を使用すると必要以上にアッパーが濡れないので作業が進めやすいだろう。ソニックスクラバーの詳細はP.054から→

04
ヘリンボーンパターン(ソールの青い部分)やミッドソールとの接合面など汚れが落ちにくい部分は、豚毛のシューズ用ブラシでブラッシングして、汚れを浮かせてから再度ソニックスクラバーでクリーニングすると効果的。クリーニングが終了したら、しっかりと乾燥させるのも忘れずに。

CASE STUDY #02
D.I.Y/リペア② >> AIR JORDAN 11

アッパーのマスキングテープ処理
マスキング処理で予想外のダメージからスニーカーを守る

今回のレポートで使用するアウトソールクリーナーはVIOLET BRIGHT。一般的に安全性の高い薬剤と評価されているが、塗布終了後に長時間放置する使用方法のため、デリケートな素材に悪影響を及ぼす可能性も否定できない。特にAJ11のパテントレザーは表面の光沢がキモとなるディテールのため、丁寧にマスキングテープ処理を行い、パテントレザーの保護に万全を期すと安心だ。

05 アウトソールとミッドソールの接合面に沿ってマスキングテープを貼っていく。AJ11のアウトソールは立体的で曲線が多く、マスキングテープを無理に曲げて貼るとシワや折り目が入って隙間が生まれ、そこから薬剤が流れ込むリスクを生じさせる。いかに丁寧にマスキングできるかがポイントだ。

06 アウトソールの接合面に沿ってマスキングを貼り終えた状態。貼り残しや隙間が無いか改めて確認する。曲線に合わせてマスキングテープを貼るのが難しい場合は、予め曲線にカットしたマスキングテープを用意して、カーブに合わせて貼り重ねるとやりやすい。

07 アウトソール以外の日焼け対策に、アッパーにアルミホイルを被せていく。ソールのホワイトニング処理にスニーカーを紫外線に当て、その代償としてアッパーを変色させては冗談にならない。熱によるパーツの変形を防ぐ効果も期待できるので、丁寧にアルミホイルを被せよう。

08 アッパー全体にアルミホイルを被せ終えた状態。風に煽られてアルミホイルが剥がれないよう、しっかりとマスキングテープで固定している。今回は左右両足にホワイトニング処理を施すため、もう片足にも同様の下準備を行った。

HOW TO KICKS REPAIR

REPAIR SKILL 8

UVライトボックスの作成
天候に恵まれない日にもホワイトニングを可能にする

取材当日は残念ながら天候に恵まれず、紫外線が多いとされる明るい曇り空であった。VIOLET BRIGHTが紫外線を当ててホワイトニング効果を発揮する薬剤のため、一応は効果が期待できる環境だったが、今回は日当たりに恵まれない環境にも考慮して急遽UVライトボックスを作成。明るい曇り空とのホワイトニング効果を比較する検証も実施した。

09

UVライトボックスを作成する際に必要なのは、ダンボール箱とアルミホイル、そしてネイル用のUVライトだ。UVライトはWebショップで2000円前後にて販売されているタイプで充分で、紫外線の照射範囲を考慮して2つは用意したい。器材が揃ったらダンボール箱の壁面にアルミホイルを貼り付けていく。

10

ダンボール箱にアルミホイルを貼る理由はUVライトの直射だけでなく、反射した紫外線もホワイトニングに活用するからだ。効果を高める反面、予想外の方向からも紫外線が当たる。ソール以外の部分を紫外線から守るためにアッパーにアルミホイルを被せる下準備が欠かせない。

11

ダンボール箱にアウトソールが上になるようにスニーカーを置きき、ダンボールの蓋を閉じる。この蓋になる面には、UVライトよりひと回り小さな穴をあけておく。そこにUVライトをセットすれば簡易型ではあるものの、充分な効果が期待できるUVライトボックスの完成だ。

12

直射日光ほどの即効性が期待できないとされるUVライトボックスだが、先ずは4時間紫外線を照射する。市販のUVライトにはタイマーで電源が切れるタイプもあるが、長時間の照射が前提となるスニーカーリペア用にはタイマーが無い、もしくはタイマー機能をオフにできる商品を選ぶと良いだろう。

CASE STUDY #02
D.I.Y/リペア② >> AIR JORDAN 11

#D.I.Y

REPAIR SKILL 4

アウトソールのホワイトニング
自然光とUVライトボックスによる効果の違いを検証

VIOLET BRIGHTを使ったホワイトニングでは、オフィシャルの説明では必ず直射日光を当てるように指示されている。ただ、休日に天候に恵まれる保証は無い。陽が出ていない時には作業を延期するか、UVライトボックスを使うかの選択が迫られる。例えば明るい曇り空ではどちらが効果的なのだろう。そこで自然光（うす曇り）とUVライトボックスによる効果の違いを検証してみた。

13
クリーニングとマスキングを終えたAJ11にVIOLET BRIGHTを塗布していく。薬剤の特性上、青いラバー部分には効果を発揮しないが素材が劣化するリスクも低いため、塗り忘れの箇所が無いようにソール全体にまんべんなくVIOLET BRIGHTを塗っている。

14
VIOLET BRIGHTを塗り終えたらソール全体をラップ。薬剤の量も含め、両足で可能な限り同じ条件になるよう配慮した。ちなみに薬剤を塗る際に細かい泡ができ、白っぽくなることがある。クリアソールに塗った時には目立つので気になるかもしれないが、時間が経てば透明に戻るので問題はない。

15
右足は自作UVライトボックスで紫外線を照射。本来は推奨時間上限の8時間を確保したかったが、取材時間の都合で4時間のみ紫外線を照射している。想定よりも時間が短くなってしまったが、壁面のアルミホイルからの反射によるホワイトニング効果にも期待したいところ。

16
左足は自然光を当てるために屋外へ。気象庁のデータでは快晴時に比べると、うす曇りの場合で約80〜90％の紫外線量になるが、雲の間から陽が出ている場合には雲からの散乱光で快晴時よりも紫外線量が多くなるケースもあると言う。まさに当日の天候条件と同じなので仕上がりが楽しみだ。

HOW TO KICKS REPAIR

REPAIR SKILL 5

アウトソールのホワイトニング
短時間では期待した程の効果が得られない

結論から言えば、うす曇りの自然光とUVライトボックスの双方で、期待したほどのホワイトニング効果を確認する事が出来なかった。その大きな原因は照射時間の不足だ。UVライトボックスを使ったホワイトニングはスニーカーリペアのプロショップでも実績があるのだが、その照射時間は20時間以上と、今回の検証では圧倒的に時間が不足していたようだ。

17
4時間が経過した後にUVライトボックスからAJ11の右足を取り出した。市販されている36ワット程度のネイル用UVライトでもそれなりに熱を発するため、AJ11のソール全体も熱くなっている。取り扱いには充分注意したい。

18
ソールをカバーしていたラップを外し、豚毛のブラシなどで丁寧に薬剤を洗い流していく。事前にしっかりとマスキングテープ処理を行っておけば、洗浄時に不必要にアッパーが濡れるリスクを回避できる。この後、屋外で自然光に当てた左足も同様にクリーニングしてホワイトニング効果を確認した。

19
自然光とUVライトボックスを問わず照射時間が短かったため、残念ながらひと目で分かるホワイトニング効果が確認できなかった。特に素材が厚い部分では殆ど変化が見られず、天候の回復を見計らいながら後日改めてVIOLET BRIGHTを使ったリペアを実施する事にした。

20
さらに自然光やUVライトでアウトソールが暖められたせいか、接着部分の劣化が進んでしまった。発売から10年を経た故の劣化なので致し方が無いが、カーボンパーツとの接着面は完全に剥がれた箇所があり、ホワイトニングと並行して、アウトソールの再接着にも対応した方が良さそうだ。

CASE STUDY #02
D.I.Y/リペア② >> AIR JORDAN 11

REPAIR SKILL 6

アウトソールを剥離する
ソールが剥がれた状況を利用してリペア作業を効率化する

リペア作業中にアウトソールが剥がれてしまう状況は普通に考えればネガティブだ。しかしホワイトニングを施すべきはアウトソールだけなので、完全にアウトソールを剥がしてしまえば作業の効率化に大きく働きかけるのは明白。

ここからはソールのホワイトニングと再接着を並行して実施していく。アウトソールの再接着に関するレポートはP.034からも紹介しているのでそちらも参照のこと→

21
アウトソールが簡単に剥がれない場合、ホームセンターなどで購入可能な有機溶媒で接着剤を剥がしていく。今回はスニーカーリペアで一般的に使われているアセトンを使用した。アセトンはアッパーのパテントレザーを傷めるので使用には注意を要する。アセトンの詳細はP.067に掲載した→

22
アウトソールを完全に剥がした状態。ソールの接着面には劣化した古い接着剤がこびりついている。古い接着剤の上に新たに接着剤を塗っても剥がれやすくなるだけだ。ソール再接着の成功のポイントは、接着面をどこまでクリーニングできるかに掛かっている。

23
古い接着剤は布に染み込ませたアセトンやメラミンスポンジなどで除去する。スニーカーリペアのプロショップでは、クラフトショップなどで販売している天然ゴムのクレープを使うケースもあるようだ。天然ゴムのクレープを使った接着面の処理はP.068を参照のこと→

20
接着剤跡の処理が終わったら再びVIOLET BRIGHTを塗っていく。予想していた通りアッパーのマスキングテープ貼りやアルミホイルを被せる手間が省けるのは非常に効率的。使われている素材にもよるが、接着面が劣化しているアウトソールは初めから剥がしてしまう選択肢も検討すべきだ。

HOW TO KICKS REPAIR

REPAIR SKILL 7

アウトソールの再ホワイトニング
ソールの接着面側からもホワイトニングを実施

アウトソールを剥がして気付いたのだが、変色部分が元の外側（地面側）だけでなく、内側（接着面側）にまで及んでいる。それであれば、アウトソールの内側からもホワイトニング処理を行えば更に効果を発揮するのではないか。使用する薬剤の量は倍になってしまうが、コストよりも仕上がりを重視しながら、再度ホワイトニング処理を施していく。

25
外側に加え、接着剤跡の処理を施したアウトソールの内側にもVIOLET BRIGHTを塗布する。AJ11のアウトソールの場合、ヘリのカーブしている部分が厚くなっており変色も濃くなっているようだ。その部分を特に入念に、かつ全体にムラが無いようハケで薬剤を塗っていく。

26
アウトソールに直射日光を当てる際の台座として100均ショップでシューズスタンドを購入した。本来の位置から逆にするとメッシュ構造部分にソールが乗せられるため、直射日光だけでなく、地面からの反射光も少なからず利用できるはずだ。

27
ラップにくるんだアウトソールをシューズスタンドに乗せて晴天の直射日光に当てていく。板状のパーツをくるむだけなので、ラップ処理も簡単だ。気温が高い日に直接ソールを地面に置くと熱でパーツが変形するリスクが高くなる。シューズスタンドには熱対策面でもメリットが得られるだろう。

28
アウトソールのみ晴天の直射日光に8時間当てた状態がこちら。新品時の透明感には程遠いが、明らかに変色部分が薄くなっているのが分かるだろうか。VIOLET BRIGHTは効果が薄い場合は作業の繰り返しを推奨しているので、後日改めて8時間の直射日光処理を追加で実施している。

CASE STUDY #02
D.I.Y/リペア② >> AIR JORDAN 11

ミッドソール面の接着剤跡処理
REPAIR SKILL 8
ソール再接着時の強度を大きく左右する重要な作業

アウトソールと同様に、ミッドソール面の接着剤跡処理はソールを再接着した際の強度を大きく左右する重要な作業だ。特にAJ11の場合はアウトソールの素材が均一で強度が高いのに対し、ミッドソール側の接着面はウレタンやカーボン、そしてパテントレザーなど、異なる素材が組み合わされている。アセトンなどの溶剤を使って処理する場合には注意が必要だ。

29 1995年当時の最新技術を搭載したAJ11は、様々な素材を組み合わせ、最高のパフォーマンスを発揮するスニーカーだ。着用した際の安定性向上に働きかけるシャンクパーツは、見た目通りのカーボン素材。強度が高いパーツなのでメラミンスポンジなどを使って接着剤の跡を処理していく。

30 白い部分にはクッション性を確保するウレタン素材が使われている。ここはアセトンを含ませた布で手早く接着剤跡を拭き取ると共に、接着剤がダマになった部分はアセトンを含ませた綿棒で処理していく。アセトンはウレタンを溶かす性質もあるため、素早く処理したい。

31 AJ11で特に気を使うのがつま先部分だ。パテントレザー（エナメル）素材はアセトンなどの溶剤に弱く、特徴的なツヤが一瞬で消えてしまうため仕様は厳禁。今回はガラス細工用のハンディルーターを使い、接着剤跡を摩擦熱で柔らかくして、先端のビットで巻き取るように取り除いた。

32 ミッドソール面の接着剤跡処理を終えた状態。アウトソールと同様に古い接着剤跡が残っていると接着力が著しく低下してしまうため、処理面を手のひらで触り、接着剤跡の取り残しが無いか再度確認しよう。

HOW TO KICKS REPAIR

REPAIR SKILL 9

アウトソール接着面の下地処理
接着面にプライマーを塗って接着力を向上させる

アウトソールを再接着する前に塗るのがプライマーだ。プライマー自体に接着力は無いが、これを塗ると接着剤と素材の食いつきが良くなり、結果的に接着力が向上する。2019年には国内でもスニーカー専用のプライマーが発売される一方、プライマーを必要としないスニーカー専用接着剤も存在しているので好みで選ぶと良いだろう。接着剤やプライマーの最新情報はP.066を確認しよう→

33 今回はスニーカーリペア専門店のジャンクヤードが販売するプライマーを使用する。このプライマーにはアッパー用とソール用の2種類が発売されており、アウトソールには"セカンド"と呼ばれるプライマーを使用する。ジャンクヤードの問い合わせ先はP.009を参照→

34 プライマーの蓋を開けると小さなブラシが装着されていた。このブラシはアウトソール全面を塗るには小振りで決して使いやすいとは言えないが、別売りの筆を使った際には作業後にシンナーで洗浄する必要がある。付属のブラシを使う事でブラシ洗浄の手間が省略できるのだ。

35 アウトソールの接着面にプライマーを塗布していく。プライマーは無色透明なので塗った箇所が少々分かりにくい。そのため強度が必要とされるつま先の巻き上げ部分やサイド部分は特に念入りに塗ると共に、一度乾燥させた後、改めて2度塗りする事をお勧めしたい。

36 全体にくまなくプライマーを塗り終えたら一旦乾燥させる。この乾燥に必要な時間は室温にも左右されるが、概ね20分から1時間を要し、指で触ってプライマーが付かなくなれば大丈夫とのこと。

CASE STUDY #02
D.I.Y/リペア② >> AIR JORDAN 11

ミッドソール面の下地処理
100均のシューズスタンドで作業効率をアップ

REPAIR SKILL 10

ミッドソールの接着面にも同様にプライマーを塗布して乾燥させる。この工程で気になるのがスニーカーの置き場所だ。デスクや床に直接置けるアウトソールとは異なり、アッパーを逆さの状態で固定するにはアイデアが必要だ。

今回はアウトソールのホワイトニングに使った100均のシューズスタンドを活用。なかなか快適な作業環境を確保する事に成功した。

37 ジャンクヤードが販売するアッパー用のプライマーは"ファースト"と呼ばれ、比較的粘度が高く、レザー素材にも食いつきやすい特徴を持つ。その使い方に不明点があれば、営業時間内にショップに問い合わせるのも良いだろう。ジャンクヤードの問い合わせ先はP.009を参照→

38 100均のシューズスタンドにAJ11を差し込んだ状態。このシューズスタンドはいくつかの角度で固定できるのもポイントだ。元々はシューズを置く台としてデザインされた商品なので、サイズが小さいスニーカーはスタンドの一部を削るなど、加工が必要になるケースも考えられるのでご了承頂きたい。

39 AJ11のデザイン上、アウトソールを剥がすとカーボン製のシャンクパーツ部分では接着する境界線が分かりにくくなってしまう。余分な場所にプライマーや接着剤を塗ってしまうリスクを回避するために、予めソールを組み合わせ、境界線にマスキングテープを貼っておくと安心だ。

40 準備が整ったらミッドソール側の接着面にプライマーを塗っていこう。特に接着強度が必要なつま先の巻き上げ部分やサイドの境界線には、アウトソールと同様に、乾燥後に二度塗りしておく配慮が欲しい。プライマーが乾燥したら、いよいよアウトソールの再接着工程だ。

HOW TO KICKS REPAIR

REPAIR SKILL 11

スニーカー専用接着剤を塗る
スニーカー専用の接着剤は乾かしてから塗る

一般的な接着剤と異なり、スニーカー専用に商品化されている接着剤の多くは乾かしてから貼るのが前提で、乾燥が足りないと接着力が低下する商品も少なくない。接着剤を乾かしてから貼る工程のイメージを掴み辛いかもしれないが、例えるならばステッカーの接着面を貼り合わせるような感覚で、メーカーが市販するスニーカーも、基本的には同じ接着工程を採用しているそうだ。

41 スニーカー専用の接着剤は様々なブランドが存在するが、今回は下地にジャンクヤードのプライマーを使ったこともあり、"グルー"と呼ばれるジャンクヤードが発売する接着剤を使用する。その他のブランドも含め、スニーカー専用接着剤の情報はP.066を確認のこと→

42 プライマーと同様に蓋の内側には小振りのブラシが装着されている。このブラシを使ってソール全体に接着剤を塗っていくが、瞬間接着剤などとは異なり乾燥させてから貼り付けるため、少々時間が掛かっても全く問題ない。手早く塗るより塗り残しが無いよう、丁寧な作業を心がけたい。

43 ミッドソール側の接着面にも専用接着剤を塗っていく。AJ11の場合はシャンクパーツ以外の境界線が分かりやすいが、目印となるディテールが無いスニーカーの場合、また接着剤の塗布に自信が無い場合は境界線全体にマスキングテープを貼ると安心だ。

44 接着剤を塗り終えたらしっかりと乾燥させる。乾燥時間は室温などに左右されるが、プライマーよりも長めに、最低でも1時間以上乾燥させると良いだろう。この際、扇風機などで風を当てると乾燥時間を少し短縮できるのだが、ドライヤーやヒートガンで熱風を当てると接着剤が硬化しにくくなるので注意。

CASE STUDY #02
D.I.Y/リペア② >> AIR JORDAN 11

アウトソールの再接着
スニーカー専用接着剤を使った再接着は一発勝負

REPAIR SKILL 12

前項でスニーカー専用接着剤を使った再接着はステッカーの接着面を貼り合わせるようなものと例えたが、実際の感覚もその通りである。ステッカーの接着面を貼り合わせると強力な接着力を発揮するが、失敗した時、剥がしてやり直すのは難しい。それはスニーカーも同様で、万が一失敗した際にはP.026のソール剥がしからやり直す事になる。専用接着剤を使った再接着は文字通りの一発勝負だ。

45

ソールのヒール部分、もしくはつま先部分の位置を合わせ、左右でずれないよう慎重にアウトソールを貼り付けていく。今回はヒール側から貼り合わせているが、接着位置の精度は接着力にも影響するので、AJ11の場合はより強度が必要なつま先部分から貼り合わせた方が確実かもしれない。

46

今回使用した接着剤は乾燥後、そのまま接着できる仕様だったが、商品によっては接着前にヒートガンで接着面を熱する工程が必要になる。一般的なドライヤーでは温度が低く適さないため、ヒートガンを所有していなければ新たに購入しなくてはならないので事前に確認しよう。

47

ソールの貼り付けの次は圧着だ。今回は適切な工具が手元に無く、インソールを外して力任せに圧着している。この際に"金台"と呼ばれる靴職人が使う工具があれば、全体重をかけ、しっかりと圧着できる。但し、ソールの貼り合わせ以外には変わったインテリア程度にしか使えないので念のため。

48

つま先の反り返り部分は素材の反発力も影響して、特に剥がれやすい箇所だ。しっかりと圧着できれば問題ないが、スニーカーのつま先部分は圧力をかけにくいのが悩みどころ。貼り合わせ強度に不安がある場合は、マスキングテープで補強すると多少の効果が期待できる。

HOW TO KICKS REPAIR

REPAIR SKILL 18 *Complete*

リペア完了
新品には及ばないが古臭さを感じる変色の除去に成功

アウトソールのホワイトニング目的でスタートして、急遽ソールの再接着も施したAJ11は、元のコンディションを考えると充分な脱色に成功している。ストリートで着用してもアウトソールが剥がれる気配はなく、安心して履けるAJ11に仕上がったのもポイントが高い。AF1のようなホワイトソールに比べホワイトニングに苦労した原因は、ホワイトソールが表面の変色に留まっているのに対し、クリアソールでは素材の奥まで変色している事が影響しているのだろう。アウトソールを剥がし、繰り返しホワイトニング処理を実施したのが結果的に功を奏したと言えるだろう。

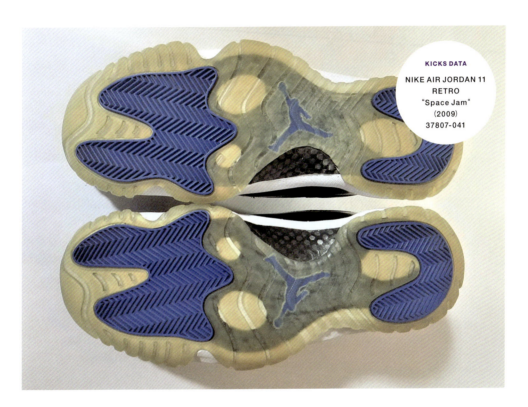

KICKS DATA
NIKE AIR JORDAN 11 RETRO
"Space Jam"
(2009)
37807-041

CASE STUDY #02　D.I.Y リペア② >> AIR JORDAN 11

CASE STUDY #02

D.I.Y/リペア③ ≫ FLIGHT POSITE

リペア工程の大半は接着面の下処理に費やす
プロショップに学ぶアウトソールの再接着

スニーカーのアウトソールが剥がれるのは、ある程度古いモデルであれば良くある話。
応急処置を目的とする接着剤も発売されてはいるが、お気に入りのスニーカーであればこそ、
長期の着用に耐えるレベルでリペアしたいと考えるスニーカーヘッズも少なくないだろう。
そのヒントはスニーカーリペアのプロショップから学ぶのが近道だ。
ここからはソールが完全に剥がれてしまった1999年発売のフライトポジットを主役に、
プロショップのリペア術をレポートしていく。

取材協力：TAKUMI KIDOKORO（スニーカーアトランダム本八幡）

主な取得スキル	
■ソールユニットのクリーニング	P.035
■接着面の下処理	P.036
■アウトソールの再接着	P.040

CASE STUDY #02
D.I.Y/リペア③ >> FLIGHT POSITE

Start
REPAIR SKILL 1

ソールユニットのクリーニング
素材へのダメージを最小限に古い接着剤跡を処理

プロショップが積み重ねた経験から導き出されたリペア技術には、大いに参考にすべきアイデアに溢れている。それはスニーカーリペアとしては比較的一般的な部類とされる、アウトソールの再接着でも例外ではない。数をこなすための効率化と、顧客からの信頼に直結する仕上がり(強度の確保)を両立させるための作業から、自身のリペア技術向上につながるヒントを見つけ出そう。

Repair Start

01

発売から20年を経たフライトポジットのアウトソール部分の接着剤は完全に劣化していたようで、ソールだけでなく、土踏まず部分に装着されるシャンクパーツも簡単に剥がれてしまうコンディションだった。今回はソールに加え、シャンクパーツも再接着する事にした。

02

ソールのカーブした部分には、古い接着剤跡がダマのようにこびりついていた。この接着剤跡を剥がしやすくするため、予めヒートガンで熱していく。一般家庭向けのドライヤーでは温度が低く、接着剤跡の過熱作業に用いると著しく効率が悪くなるため、ヒートガンの代用品には適さないので注意。

03

熱を加え、柔らかくなった接着剤跡を金属製のヘラで削ぎ取っていく。ヘラの種類は使いやすい形状を選べば問題ないが、金属の先端が鋭利だとソールにキズが付いてしまう。例えばステンレス製の軟膏ヘラは傷が付きにくく、適度な"しなり"もあるのでお勧めだ。

04

仕上げはシンナーでクリーニング。事前に接着剤跡を除去する事でシンナーの使用量を少なくできるため、素材へのダメージを最小限に抑えることができるのだ。続いてミッドソール側や取り外したシャンクパーツの接着面にも同様のクリーニングを施し、完了後はしばらく乾燥させておく。

CASE STUDY #02
D.I.Y/リペア③ >> FLIGHT POSITE

接着面の下地処理
素材に合わせたプライマー選びが接着効果を向上させる

REPAIR SKILL 2

接着剤と素材の食いつきに働きかけ、接着力を向上させる目的で使用するのがプライマーだ。市販されているスニーカー専用接着剤の中にはプライマー処理を必要としないタイプも存在するが、使用する接着剤に対応するプライマーがラインナップされている場合は積極的に導入することをお勧めする。このプライマーには塗る面の素材によってタイプを使い分ける必要があるので事前に確認しよう。

05 接着剤跡を処理したアウトソール全体にプライマーを塗布。ソールの素材自体が硬化したりひび割れている場合は交換用パーツを用意する必要がある。このフライトポジットは発売から20年経っているが、ソール素材自体には柔軟性があり、再接着するだけで問題なく着用できそうだ。

06 アッパーの素材を確認すると、ヒール部分のレザー素材が多少硬くなっていた。このまま作業を進めると接着力が低下する恐れがあると判断し、プライマーを塗る前にサンドペーパーでパーツを軽くやすりがけを施して接着剤が食いつきやすく加工した。細かい作業にもプロの経験を垣間見ることができる。

07 素材のチェックと下処理が終わったらアッパー側にもプライマーを塗布していく。当然と言えば当然だが、プロショップではプライマー専用のハケを使用するので作業時間も早い。さらに数をこなす必要に迫られるため、素材別のプライマーごとに専用のハケを使っているのが印象的だった。

08 それぞれにプライマーを塗り終えたら乾燥工程に進む。プライマーの乾燥時間は約20分ほど。ここでは網状の壁面ラックにフックを取り付け、スニーカーのヒール部分で吊り下げていた。自宅に同じようなラックがあれば、100均のフックを購入してスニーカーの乾燥工程に応用できそうだ。

HOW TO KICKS REPAIR

REPAIR SKILL 3

代用品を活用した欠損パーツの補完
アイデアがあればスニーカーリペアはもっと楽しくなる

剥がれたアウトソールを再接着する作業はサイズ合わせなどのリスクが無く、比較的難度の低いスニーカーリペアと言って差し支えない。ただ、ハイテク系のスニーカーのソールには異なる素材が採用され、一部が欠損するケースも存在する。欠損したパーツは新たに作り直すのが王道だが、ちょっとした遊び心とアイデアがあれば、お気に入りのスニーカーに個性的なディテールを追加できるのだ。

09

今回のフライトポジットの場合、親指の付け根付近にシルバーに塗られたプラパーツが埋め込まれている。だが、そのパーツは経年劣化で粉々に破損していた。当初はプラ板でパーツを作り直す想定だったが、シルバーで円形のパーツであれば硬貨で代用可能ではないかと考えた。

10

用意したのは"ニッケル"と呼ばれる米国の5セント硬貨だ。アウトソールの接着面に作られた円形のディテールに合わせると見事にサイズが一致する。サイズ的には日本の1円玉でも使えそうだが、日本の硬貨を損傷することを禁じる"貨幣損傷等取締法"があるので念のために見送っている。

11

硬貨の表面を軽くクリーニングして円形のディテールに接着。接着強度も特に問題は無さそうだ。この5セント硬貨は"ジェファーソン・ニッケル"と呼ばれる1938年から2004年まで生産されていたタイプで、今回リペアする1999年発売のフライトポジットに合わせている。

12

ボトム側のホールからは、"ジェファーソン・ニッケル"に描かれたトマス・ジェファーソン元大統領の邸宅であるモンティチェロのデザインが覗く。実際に着用した際には見えない部分ではあるが、見えない部分にこだわる楽しさは、趣味に情熱を持つ人なら共感できるはずだ。

CASE STUDY #02
D.I.Y/リペア③ >> FLIGHT POSITE

REPAIR SKILL 4

シャンクパーツの再接着
アウトソールの再接着と基本的な工程は同じ

シャンクパーツなどの補強パーツを含め、ハイテクスニーカーに多く見られる多層構造タイプのソール再接着には、接着面のクリーニングと乾燥、プライマーの塗布と乾燥、接着剤の塗布と乾燥、接着と圧着。この工程を繰り返すのが基本。面倒だからと一度に全てを接着すると失敗するリスクが高くなる。同じ工程を同じクオリティで繰り返すことが、ソール再接着の成功に繋がるのだ。

13 プライマー処理を終えたシャンクパーツの両面に、スニーカー用の接着剤を塗布して乾燥させる。プライマーには素材によって種類を変える必要があるが、接着剤の場合、スニーカー専用のタイプを選べば殆どのパーツに対応できるそうだ。

14 ミッドソール側のシャンクパーツ装着部分にも接着剤を塗布して乾燥させる。フライトポジットの場合は接着面にパーツをはめ込むディテールがあるため位置合わせも容易だ。スニーカー用接着剤を使用する場合、片面だけでなく、両面に接着剤を塗布するのが大前提だ。

15 1時間ほど接着剤を乾燥させたら、ソールのディテールにシャンクパーツを合わせる。接着面に位置を合わせるディテールが無い場合には、接着剤を塗る前に境界線に沿ってマスキングテープを貼っておく。位置合わせの目安だけでなく、接着剤のはみ出し対策にもなるので一石二鳥だ。

16 シューズをメンテナンスする際に使う金属製の金台にはめ、体重をかけてシャンクパーツを圧着する。金台はWebショップでも購入可能だが、インソールに合わせる面（足形）がフラットな形状だと体重をかけにくい部分ができるため、人の足のように、微妙なカーブを描く金台を選ぶと使いやすいそうだ。

HOW TO KICKS REPAIR

REPAIR SKILL 5

ミッドソールの接着剤塗布と乾燥
強度が必要な個所は接着剤の二度塗りがお勧め

スニーカーのソールを再接着する際には、パーツの部位ごとに着用時にかかるストレス（圧力）が異なる点を理解しておく必要がある。ここで紹介するフライトポジットの場合では、アウトソールが単純な平面ではなく、シューズのサイド面に向かって巻き上がっている。着用時には大きな負荷が掛かる箇所であり、高い接着強度を必要とする。こうした部位には接着剤の二度塗りが効果的だ。

17
プライマーが乾燥しているのを確認したら、接着面に専用接着剤を塗布していく。この際、シャンクパーツにもプライマー処理が施されているかを確認しよう。実際にはプライマーを塗らなくても接着自体は可能だが、プライマーを塗る工程は接着強度低下のリスクを負うほどの手間ではない。

18
接着剤を塗り終えたら再び乾燥。ソールの再接着を行う場合、下処理や接着剤を塗る時間よりも、乾燥させる時間が圧倒的に長くなる。全行程の7割以上は乾燥だ。充分な乾燥時間を確保しなければ接着強度が不安になる。ソールの再接着はDVDを見ながら行う位の余裕が必要だ。

19
1時間ほど接着剤を乾燥させたら、接着強度が求められる部分を中心に、再度接着剤を塗布していく。接着剤の2度塗りは仕上がり時の接着強度向上だけでなく、塗り忘れのリスクを回避する意味がある。顧客からの信頼が重要なプロショップだからこそ、仕上がりには細心の注意を払っているのだ。

20
接着剤を塗り終えたら再び乾燥だ。ここまでにプライマー処理時に20分、2回の接着剤塗布でそれぞれ1時間、さらに硬貨を接着した際に1時間ほど乾燥させたので、トータルで3時間20分もの乾燥を施している。繰り返しになるが、ソールの再接着には乾燥時間を楽しく過ごす余裕が肝心である。

CASE STUDY #02
D.I.Y/リペア③ >> FLIGHT POSITE

アウトソールの再接着
REPAIR SKILL 6 — 最初の位置合わせがアウトソール再接着成功のカギ

古い接着剤跡の除去とプライマー処理、そして接着剤の塗布が完了したらアウトソールの再接着工程に進もう。今回使用するスニーカー専用接着剤は、塗って直ぐに貼り合わせるのではなく、触っても指に付着しなくなるまで乾燥させてから貼り合わせる。一般的な接着剤とは手順が異なるため最初は戸惑うかもしれない。その接着力は強力で、貼り合わせた後では修正が効かないので注意が必要だ。

21 プライマーの乾燥を確認したアウトソールにスニーカー専用接着剤を塗布していく。強度が求められるサイドやつま先部分の巻き上げ箇所には、接着剤の塗り残しが無いように特に念入りに塗っておこう。もちろん乾燥後に接着剤を二度塗りするのも効果的だ。

22 塗り終えた接着剤を乾燥中のアウトソール。今回の作業では約1時間の乾燥時間を確保したが、丸1日程度乾燥させても接着力が低下する心配は無いため、寝る前に接着剤を塗り、翌日接着するのも良いだろう。但し接着剤の臭いはそれなりなので、乾燥させる場所は寝室以外をお勧めする。

23 接着面を指で触って、接着剤が指に付かなければ乾燥は充分。この際の手触りは、ステッカーの接着面をイメージすると分かりやすい。今回はヒールの巻き上げ部分から接着をスタートしているが、他にパーツを合わせやすい場所があれば、どこから始めても構わない。

24 アッパー側のディテールに沿うように、ゆっくりとアウトソールパーツを貼り合わせていく。この時点で完全にパーツがずれてしまう事が確認された場合には、貼り合わせ作業を中止してパーツを剥がす勇気も必要だ。ソール全体を貼り終えた後では、剥がす作業も困難を極めてしまう。

HOW TO KICKS REPAIR

REPAIR SKILL 7

アウトソールの再接着と圧着
接着面に隙間が無いか再確認

いよいよフライトポジットのアウトソール再接着も仕上げ工程に突入。1999年に登場した国内未発売のレアバッシュが20年の時を経て、2019年のストリートシーンによみがえろうとしている。接着面が経年劣化してアウトソールが剥がれる症状は決して珍しくない。正しいリペアの知識と技術を身につければ、ソールが剥がれてしまったお気に入りスニーカーをもう一度楽しむことが可能になるのだ。

25 つま先の巻き上げ部分を合わせればアウトソールの貼り付けは完了。アマチュアが作業を行う際、どの位置から貼り合わせをスタートするのが良いか尋ねたが、形状はもちろん、スニーカーの左右や利き腕によってもフィーリングが変わるため、これだと言う正解は無いそうだ。

26 シューズ用の金台を使ってソールを圧着する。この金台はスニーカーだけでなく、レザーシューズのリペアにも必要不可欠な工具だ。リペアショップによっては機械で圧着するケースもあるのだが、機械を使った場合でも、細かい部分の仕上げに金台を使う職人が多いとのこと。

27 圧着を終えたら接合面を確認。万が一隙間ができた場合には、隙間に接着剤を流し込んで補強する。しっかりと圧着されたソールはこの時点で高い接着力を発揮しているので直ぐに履きたい衝動に駆られるが、そこは我慢して、さらに1日ほど乾燥させてから履くようにしたい。

28 最後にスニーカーのボトム（底面）を確認。素人目には分かりにくいが、接着に不備がある箇所があればボトム面に歪みや捻じれが出るケースがあると言う。もしも気になる箇所が見つかった際には、再び金台を使ってソールを圧着していく。

CASE STUDY #02
D.I.Y/リペア③ >> FLIGHT POSITE

#D.I.Y

リペア完了
カーボン素材を使用した特別なスニーカーの復活

REPAIR SKILL 8 / Complete

ここで紹介するフライトポジットは、アッパーに本物のカーボン素材を使用する1999年発売のオリジナルだ。カーボン素材は劣化に強く、ソールさえリペアすれば安心して着用できる。一般的にポジット系のスニーカーはアウトソールが剥がれやすい傾向があるので、古いモデルを所有するオーナーは身につけるべきリペアスキルと言えるだろう。今回JR総武本線の本八幡駅から徒歩数分に店舗と構える「スニーカーアトランダム本八幡」を取材させて頂いたが、取材を対応していただいた城所さんはP.009で紹介した「ジャンクヤード」の店長と同一人物。スニーカーアトランダムとジャンクヤードは系列店であり、今回の取材のために本八幡まで足を運んで頂いたのだ。スニーカーアトランダム本八幡のショップインフォメーションはP.086に掲載→

完成したフライトポジットのアッパーとソールの接着ラインを確認しても、一切の隙間や接着剤のはみ出し跡も無いのはプロショップならではの仕上がりだ。

アウトソールのホールから覗く5セント硬貨は、リペアしたスニーカーならではのアレンジ。スニーカーに詳しい友人との会話する際、話題の掴みとして活用したい。

KICKS DATA

NIKE AIR FLIGHT POSITE
"Carbon Fiber"
(1999)
830142-011

CASE STUDY #02

D.I.Y/リペア④ » AIR JORDAN 1 MID

踵が削れたスニーカーリペア
リペアグッズの大定番シューグーを活用する

スニーカーに限らずシューズのヒールは摩耗しやすい。
そして摩耗したヒールのリペアと聞けばSHOE GOO（シューグー）を思い出す人も多いだろう。
1978年より発売されている補修剤で、チューブから出してソールの削れた部分に塗り、
12時間から24時間硬化させると合成ゴムになる優れものだ。
ただシューグーの色が限られているため、補修箇所が目立ってしまうケースも少なくない。
その解決法として、シューグーを使ったソールリペアとカラーアレンジを紹介しよう。

取材協力：NAOKI HARADA（FORCE）

主な取得スキル	
■摩耗したアウトソールの下処理	P.045
■シューグーのカラー調製	P.036
■削れたアウトソールのリペア	P.040

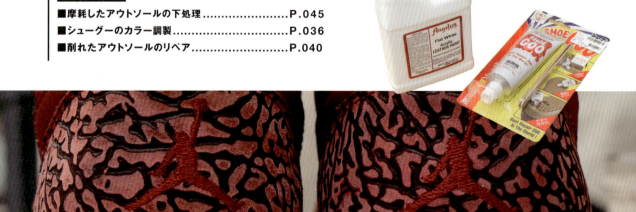

CASE STUDY #02
D.I.Y/リペア④ >> AIR JORDAN 1 MID

REPAIR SKILL 1

摩耗したアウトソールの下処理
ブラシやサンドペーパーで摩耗した箇所の表面処理を実施

スニーカー用の補修剤の中でも比較的手に入りやすい事もあり、シューグーを使った摩耗箇所の補修は初歩的なリペア技術のひとつと言える。この補修で大切なのはシューグーを使用する箇所の表面処理だ。摩耗して滑らかになったソールのままシューグーを塗ると、接着力が低下してしまう。これを防ぐにはサンドペーパーなどで使用面に"あら目"を付けるのが有効だ。

Repair Start

01 先ずはソールの補修箇所をクリーニングしていく。本来はソール全体をクリーニングすべきなのだが、補修箇所を画像でも確認しやすくするために、特例としてヒール部分（補修箇所）のみをクリーニングした。実際のリペアではソール全体をしっかりとクリーニングしておこう。

02 アウトソールの溝部分もブラシを使ってクリーニングを施していく。アウトソールでの使用に限定するならば、シューズ専用のブラシだけでなく、100均で手に入る小型の掃除用ブラシも使いやすい。小石などが挟まったままシューグーを塗ってしまうと、接着力が低下するのは言うまでもない。

03 ヒールの摩耗した部分を木材などに巻き付けたサンドペーパーや棒やすりで処理していく。この際になるべく平らになるように削ると補修剤の成形も対応しやすくなる。削り過ぎて内蔵されるミッドソール素材が露出すると、最悪の場合ソール交換が必要になってしまうので注意しよう。

04 摩耗したアウトソールのヒール部分に下処理を施した状態。アウトソールの汚れが落ち、白い素材が露出している箇所が、リペア用にやすりで削った部分だ。冒頭で説明した通り補修剤の食いつきを向上させる目的もあるため、少々荒いやすりでザックリと削る程度で問題ない。

CASE STUDY #02
D.I.Y/リペア④ >> AIR JORDAN 1 MID

REPAIR SKILL 2

シューグーのカラーアレンジ
シューグーはレザーペイント用の塗料で着色可能

摩耗したヒールの補修用として市販されているシューグーの素材色は、ブラックとホワイト、そして透明感のあるナチュラルなゴム色（自然色）の3色だ。色付きのアウトソールを補修する際にはゴム色を使うケースが多いが、補修箇所はそれなりに目立ってしまう。実はゴム色のシューグーにはレザーペイント用塗料を混ぜるとカラーをアレンジでき、スニーカーのリペアに応用できるのだ。

05 先ずはゴム色のシューグーをカップに注ぐ。リペア終了後に使い残しのシューグーをカップから取り除くのは難しいため、プリンやゼリーの空き容器など使い捨て可能なカップを用意しよう。今回はゴム色のシューグーをホワイトにカラーアレンジしていく。

06 今回の塗料はスニーカーのカスタムペイントにも良く使われるアンジェラスペイントを使用した。レザーやゴムに使用可能な水性塗料であれば概ね代用できるようだが、全ての塗料を試していないため、他の塗料を使用する際には、事前にスニーカー以外でテストしておこう。

07 シューグーが入ったカップにホワイトのアンジェラスペイントを注ぎ、シューグーに付属する木製のヘラや割り箸などで混ぜていく。少量の塗料でもかなり染まるので、色が薄く感じた時には様子を見ながら少しずつ塗料を追加しよう。

08 全体の量が足りなければシューグーを追加する。他のカラーにアレンジする場合は、混ぜ合わせる工程で補修するアウトソールのカラーに近づけよう。アンジェラスペイントはスニーカーに良く使われているカラーをラインナップしているので、その意味でも使いやすい塗料と言える。

HOW TO KICKS REPAIR

REPAIR SKILL 8

シューグーの盛り付け
摩耗したソールよりも気持ち多めに盛り付けるのがポイント

シューグーを摩耗したソールに盛り付ける作業は難易度が高く見えるかもしれないが、この補修剤は粘度が高く、意外と簡単に対応できるはずだ。またシューグーSと呼ばれる商品もヒールの補修に適したタイプで、そちらは成形した後に熱湯に漬けて硬化させる。硬化時間を気にせず満足のいくまで成形できるのは魅力だが、今のところはブラックカラーしか発売されていないようだ。

09 下地処理を行う感覚で、ソールの摩耗部分にシューグーを塗りつけていく。この際、ソールとシューグーの間に空洞が出ないよう、付属のヘラで押し付けるように塗るのがポイントだ。極端な量の塗料を混ぜない限りシューグーの質感に変化は無いので、カラーアレンジを施した場合でも工程は変わらない。

10 アウトソールに塗り終えたら摩耗した高さまでシューグーを盛り付ける。あくまで補修目的なので、元々の溝などのディテールは考えずボトム面がフラットになる感覚で盛っていこう。シューグーや塗料に含まれている溶剤が揮発すると若干"かさ"が減るので、気持ち多めに盛り付けるのもポイントだ。

11 もう片足も同様にシューグーを盛り付けていく。気温や湿度などにも左右されるが、シューグーは1時間程度で表面が硬化しはじめるため、カップを使って両足分のシューグーを調色した際には、両足への盛り付けを30分程度で終わらせると良いだろう。

12 両足にシューグーを塗り終えたら厚さ（高さ）を確認する。極端に厚さが異なっていると、必然的に履き心地に違和感が出てしまう。ただ、補修剤のシューグーも使い込めば摩耗するので、少々の違いはスニーカーを履いているうちに馴染んでくる。厚さを揃える必要はあるものの、神経質になる必要は無い。

CASE STUDY #02
D.I.Yリペア④ >> AIR JORDAN 1 MID

CASE STUDY #02
D.I.Y/リペア④ >> AIR JORDAN 1 MID

シューグーによるソールリペアの仕上げ
REPAIR SKILL 4 ディテール再現よりも使いやすさを重視して成形する。

シューグーを盛り付けたソールの成形ポイントは、約1時間後に表面が乾き始めたタイミングと、約24時間後に、完全に硬化したタイミングだ。大前提として、シューグーを使ったリペアはオリジナル状態の再現ではなく、問題なく履ける状態に仕上げる"お手軽な補修"である。細かいディテールの再現にこだわるよりも、完成後の使いやすさをイメージして成形するのが正解だ。

13 約1時間後にシューグーを触ると、表面は硬化して指に付着しないが中は柔らかく、簡単に成形可能な状態になっている。ボトム面から極端に盛り上がっていたり、ソールから大きくはみ出している部分は、このタイミングでヘラや指を使って調整してしまおう。

14 さらに硬化が進むとシューグーや塗料に含まれていた溶剤が揮発して、微妙に補修剤の量が減ってしまう。その際に追加でシューグーを盛る場合には、24時間以降、完全に硬化してから対処する方が良いだろう。シューグーは硬化した場所に重ねるように盛っても接着力が低下する心配がないので安心だ。

15 シューグーが完全に硬化した後は、生ゴムと同じ感覚で成形できるのもポイント。追加の盛り付けだけでなく、極端にはみ出した部分はハサミなどで切り取ることも可能だ。盛り付け時の優しさと、後追いのリカバリーが簡単な点も、発売から40年以上も愛され続けるシューグーの魅力のひとつだ。

16 左右の厚さとボトム面に合わせた成形を終えた状態。今回は取材のために作業を急いでもらったためアウトソールの溝が少々見えている仕上がりになっているが、スポーツ用のシューズではなく、街履きのスニーカーとして着用する目的であれば強度面の心配は無用だ。

HOW TO — KICKS REPAIR

REPAIR SKILL 5 *Complete*

リペア完了
ヒールの減りを気にせず履けるお気に入りの完成

AJ1やAF1、そしてDUNKなど、オールドスクール系のバッシュのアウトソールはヒール部分が摩耗しやすい。古着屋やリユースショップでもヒールが削れたスニーカーを見かける機会も少なくなく、大抵の場合、ダメージを負ったスニーカーは格安で販売されている。ヒールが摩耗する原因には色々な要素があるが、結局は"すり減るまで履いた"点に尽きる。スニーカーに合わせてシューグーをカラーアレンジするスキルを身に付ければ、"すり減るまで履いた"お気に入りの寿命を手軽に延ばすことも可能になる。

KICKS DATA
NIKE AIR JORDAN 1 RETRO HIGH
"Red Elephant"
(2016)
839115-600

CUSTOMIZE BUILDER INFORMATION

NAOKI HARADA (FORCE)
Instagram：@force_naoki

クラフトマンの街、浅草を拠点に活動するスニーカーのカスタマイズビルダー。最新の活動情報はInstagramにて公開中。

CASE STUDY #02　D.I.Y／リペア④ >> AIR JORDAN 1 MID

#D.I.Y

049

CASE STUDY #03
D.I.Y/グッズ

CASE STUDY #03
D.I.Y/グッズ①

アッパーの目立つ傷はレタッチで補修
短時間で高い効果が得られるリペアテクニック

ソールの摩耗と共に避けられないのがアッパーに入る傷。
ホワイトカラーがベースのスニーカーであれば目立たないが、
ブラックやネイビーなど、濃いカラーのレザーであれば少しの傷でも目立ってしまうのが悩みどころ。
ダークカラーのレザースニーカーを履く機会が多いスニーカーヘッズならば、傷を隠すレタッチの準備を整えるべきだ。
こからはAJ1のブラックレザーに入った傷をレザー専用の塗料でレタッチする工程を紹介。
短時間で高いリペア効果が得られる注目のテクニックだ。

取材協力：NAOKI HARADA (FORCE)

主な取得スキル

■ ブラックレザーに入った傷のレタッチ ……………P.051

050

CASE STUDY #03
D.I.Y/グッズ①

Goods
REPAIR SKILL

ブラックレザーに入った傷のレタッチ
専用塗料で目立つ傷跡を短時間でリペアする

極論的には一般的な油性ペンでもブラックレザーに付いた傷を黒く塗ることは可能だ。ただ、大抵のケースでは仕上がりがチープになり、専用塗料を購入して再塗装する必要に迫られるだろう。この原因は、光の反射などに起因するレザー素材特有の質感が、油性ペンでは再現できない点にある。プロショップも使う専用塗料はカラーだけでなく、レザーの質感そのものを再現するのだ。

Repair Start

01
このAJ1で特に目立っているのがシューレース周りの擦り傷だ。パーツの塗装が剥がれ、レザーの生地が露出して白っぽくなっている。レザーの色によっては傷もヴィンテージ感（エイジング）として楽しめるが、見ての通りブラックレザーでは古臭さを醸し出してしまう。積極的にリペアを施すべき状態だ。

02
今回使用する塗料はフィービング社のLeather Dye（レザーダイ）だ。アルコール系のレザー用塗料で、レザーの質感を損なわず、鮮やかな染色が可能と評価されている。Web上のレビューも評価も高いが国内での正規販売が無く、個人輸入か並行輸入品に頼らなくてはならないのが玉にキズだ。

03
筆を使って傷を隠すように塗料を塗っていく。傷の大きさや程度によるが、慣れれば数分でレタッチできるようになるだろう。海外では塗装後に耐摩耗性を向上させるコーティング剤が販売されているが、少なくとも国内ではスニーカー用として販売されていないのが残念。今後の展開に期待したい。

04
白く目立っていた傷跡にレタッチを施した状態。目を凝らせばリペアした箇所が分かるが、ストリートで着用した際に気付く人は居ないだろう。お気に入りのスニーカーに傷が入って落ち込む時間があるならば、スニーカーに適した塗料を手に入れてレタッチを済ませてしまおう。

CASE STUDY #03

D.I.Y／グッズ②

レタッチ処理の秘密兵器
スニーカー専用塗料を使ってタッチペンを作る

油性ペンでスニーカーをリペアするのがNGならば、スニーカー専用のタッチペンがあれば良い。
そんな発想で開発されたかのようなアイテムが、
スニーカーペイントの定番ブランドであるアンジェラスペイントから発売されている。
このPAINT MARKER SETは最初から塗料がセットされている商品ではなく、
自分で好きな色の塗料を詰めて使うタッチペンだ。豊富なカラーを展開するアンジェラスペイントが使えるので、
本当に必要なカラーのタッチペンが自作できる。

商品問い合わせ先：JUNKYARD 高円寺

主な取得スキル

■タッチペンを使ったスニーカーのレタッチ ………… P.053

CASE STUDY #03
D.I.Y/グッズ②

Goods
REPAIR SKILL

タッチペンを使ったスニーカーのレタッチ
世界にひとつだけのタッチペンも製作可能

スニーカーのカスタムペイント用として知名度が高いアンジェラスペイントは、販売チャネルが限定され手軽に購入できない難点はある。ただ、人気の高いスニーカーに対応した豊富なカラーをラインナップし、水性のアクリル塗料なので使った筆も水洗い可能理想的な専用塗料だ。ここからはアンジェラスペイントから発売されているキットを使って、レタッチをさらに手軽にするタッチペンを自作する。

Repair Start

01

02

オリジナルのタッチペン製作に必要なのはPAINT MARKER SETと専用シンナー（薄め液）、そして必要なカラーをセレクトしたアンジェラスペイントだ。このキットは1セットで2本（2色）のタッチペンが自作可能。今回は使用頻度が多くなりそうなブラックをレタッチ用に自作した。

キットに付属する使い捨てタイプのスポイトを使って、専用シンナーをタッチペンの本体に注入する。一般的なシンナーとは異なり白く濁ったタイプなので、筆などを使ってよく混ぜておく事をお勧めする。このスポイトの後端にラインが入っているので、そこを目安に吸い上げると良いだろう。

03

04

同量のアンジェラスペイントをスポイトで吸い上げ、本体に注入する。先に塗料を注入してしまうとスポイトに塗料が付着して、シンナーを吸い上げる際に混ざってしまう。そうなるとスポイトを2本消費する事態になるため、本体には必ずシンナーを先に注入するように気を付けたい。

最後にペン先を差し込みスクリュー式のカバーを装着すれば完成。意外なほど簡単にタッチペンが製作できた。今回はブラックの塗料を使用したが、予め塗料を調色して世界に1本だけのタッチペンも製作可能。特定のスニーカーを履く機会が多い人は大いに活用できそうだ。

CASE STUDY #03
D.I.Y/グッズ③

部屋でお気に入りのスニーカーを眺めるために クリーニングの便利ツールを スニーカーでも活用する

最もシンプルなリペアであり、回数も多くなるスニーカーのクリーニング。
現代的なスニーカーシーンではスニーカーをインテリアとして部屋に飾るスニーカーヘッズも多く、
ソールをクリーニングする機会も増えている。古着屋やリユースショップでユーズドのお宝スニーカーを
手に入れた時は、部屋で眺める前にソールをピカピカにクリーニングしたくなる気持ちも共感できるだろう。
ソールのクリーニングは面倒な印象もあるが、機能性に優れたアイテムを活用すれば手早く、
効率的にクリーニングを楽しめるのだ。

CASE STUDY #03
D.I.Y/グッズ③

Goods REPAIR SKILL 01

主婦層からも大絶賛
シューズクリーニングの強力タッグを試す

日本で最もシューズを洗っているのは学校の上履き洗いに追われる主婦層かもしれない。そのネットワークには、シューズのクリーニングに効果を発揮するグッズ情報が瞬く間に拡散する。その中にはスニーカーのソールクリーニングにも応用可能な情報も少なくない。ここで紹介するソニックスクラバーや洗濯石鹸"ブルースティック"の組み合わせも、主婦層からも絶賛されている強力タッグだ。

Repair Start

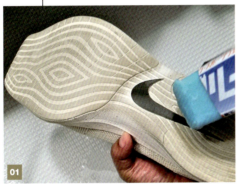

01 スニーカーのアウトソールを水で濡らし、洗濯石鹸"ブルースティック"を塗っていく。このブルースティックは刑務所の中で職業訓練として生産されているもの。当初は府中刑務所の文化祭でしか購入できなかったが、強力な洗浄力がクチコミで話題になり、現在ではWebでも購入可能になったアイテムだ。

02 ソールを電動ブラシ"ソニックスクラバー"で洗浄。ソニックスクラバーは電動歯ブラシの強化版的なアイテムで、防水性があり、スニーカーの洗浄にも問題なく使用できる。毎分8000回転するブラシをソールに押し当てるだけなので、ソールをゴシゴシとブラッシングする苦労から解放されるのだ。

03 約5分間のクリーニングを施したBefore＆After。手作業のブラッシングでここまで洗浄する場合は、倍以上の時間が掛かるはずだ。みるみるうちにクリーニングされるソールを眺めるのは快感で、これまでソールクリーニングを面倒に感じていたスニーカーファンも、楽しみながら対応できるだろう。

04 ソニックスクラバーにはインナーが洗浄できる交換用ブラシも販売されている。コレクション性の高いプレミアモデルに使用するのは抵抗があるものの、トレーニング用に選んだランニングシューズには最適。大量に汗を吸ったランニングシューズであれば、定期的にクリーニングして快適に履きたいものだ。

スニーカー専用の洗剤を使う
洗濯機で手軽にクリーニングしてみた

REPAIR SKILL 2

意外と知られていないがスニーカーは洗濯機でもクリーニング可能だ。手洗いに比べると細かい力配分ができないためシューズが痛むリスクは高くなるが、手洗いと洗濯機による手間の差は比べるまでも無い。最近では素材を選ばず使えるスニーカー専用洗剤が登場しているのも心強い。スニーカリペアでも取り入れるべきは取り入れて、日々のスニーカーライフをもっと快適にしよう。

01

米国発のRESHOEVN8R（リシューブネイター）は、スニーカーを洗濯機でクリーニングする工程をトータル的にサポートするブランドだ。今回は専用洗剤の"ADVANCED SNEAKER LAUNDRY DETERGENT"を使って、洗濯機で実際にスニーカーをクリーニングしてみよう。

02

クリーニングするスニーカーのアッパーを軽くブラッシングして、リシューブネイター"SNEAKER LAUNDRY SYSTEM"に付属する専用の洗濯ネットに入れる。あとはそのまま洗濯機に入れるだけ。いかにも米国で開発された商品らしいシンプルな使い方だ。

03

リシューブネイターの"ADVANCED SNEAKER LAUNDRY DETERGENT"は、ココナッツとホホバオイルから作られた洗剤で、レザーとナイロンメッシュなど、アッパーに異なる素材を使用しているスニーカーにも対応している。ボトルをプッシュするだけで1回分の洗剤が計量されるのもポイント。

04

今回クリーニングしたベイパーストリートはそれ程汚れていないと思っていたが、全体のホコリが落ちたのか、アッパー全体が明るくなった印象を受ける。洗い上げたアッパーにはほんのりとナチュラルな香りが付いていて、"クリーニングしてやった感"を演出してくれるのだ。

HOW TO KICKS REPAIR

REPAIR SKILL 8
厚底スニーカーのシワを解決
ヒートガンで簡単にリフレッシュ

トップアスリート向けテクノロジーとして開発された厚底スニーカーは、ハイテクデザインのアイコンとして、カジュアルスニーカーにも採用されるようになった。衝撃の吸収に優れる厚底ソールは快適な履き心地を提供してくれるが、素材の特性から履きジワが入りやすく、ユーズド感が出やすいのが悩みどころ。ここからは厚底スニーカーの履きジワ取りのテクニックを紹介しよう。

01 厚底スニーカーで履きジワが出やすいのはミッドソールのヒール部分。素材が特に厚く、踵から着地した際の衝撃を吸収部分になる。この履きジワはしっかりとクッショニングが効いている証でもあるが、使い込んだユーズド感を好まない人にとってはデメリットになってしまう。

02 最初にソールのシワになっている部分をシューズ用ブラシでブラッシングしていく。根本的なリペアにはならないが、シワに溜まった汚れを落とすだけでも履きジワが目立ちにくくなるのだ。丁寧にブラッシングして汚れが落ちたら、いよいよ履きジワを消す工程に進んでみよう。

03 シワになったミッドソールをヒートガンで熱していく。この工程でソールに含まれる空気を膨張させ、その効果で履きジワを消してしまうのだ。一般的な家庭用のドライヤーでは温度が低いため、ヒートガンを所有していなければクラフトショップやホームセンターで購入しよう。

04 向かって右側がヒートガン処理を施して24時間経過した状態だ。重要なのは膨張した空気を圧縮しないため、ヒートガンで熱した直後にシューズを履かない事。リペア後も履けばシワが入ってしまうが、リペア自体が簡単なので見た目にこだわる人は繰り返し対応すると良いだろう。

取材協力:TAKUMI KIDOKORO(JUNKYARD高円寺)

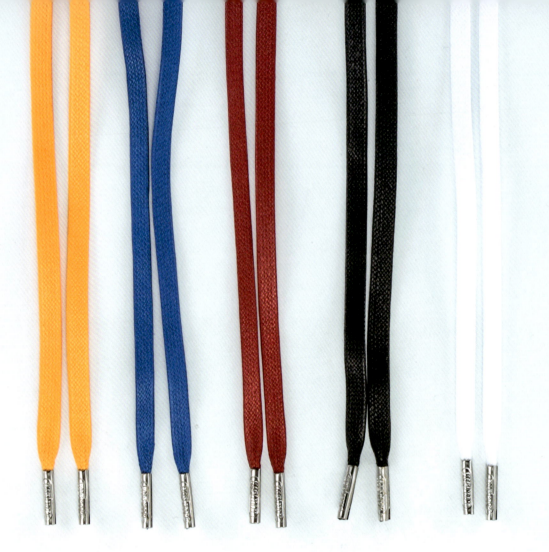

CASE STUDY #03
D.I.Y／グッズ④

リペアしたスニーカーに高級感をプラス
専門ブランドのシューレースを活用する

多くのスニーカーで欠かせないシューレース（靴紐）は、機能面だけでなく、
スニーカーの印象を大きく左右するパーツだ。そのためルックスを重視したスニーカーには
カラーが異なるシューレースが同梱されているものの、最初にスニーカーに通したシューレースを使い続け、
いつのまにか色違いのシューレースを無くしてしまった経験を持つ人も居るだろう。
そしてリペアやクリーニングを施す際は、通していたシューレースを外すケースが多い。
シューレースを外したタイミングは、別のシューレースに交換する絶好の機会だ。
スニーカーに付属する色違いに交換するのも良いが、
現在のスニーカーシーンでは専門ブランドのシューレースが注目を集めている。
手をかけてリペアしたスニーカーに、高級感を醸し出す特別なシューレースを通すのも、
満足感を高めるひとつの演出だ。

CASE STUDY #03
D.I.Y/グッズ④

Goods
REPAIR SKILL 1

スニーカーファン熱狂の限定品のシューレース
シューレース自体がプレミア価格で取り引きされている理由

例えば1万円で人気スニーカーが販売されたとしよう。そのスニーカーは即日完売し、ネットオークションやフリマアプリにて、3万円前後で取り引きされる。そのスニーカーを購入した人にとっては定価の1万円ではなく、3万円の価値があるスニーカーになる。そうした場合、1万円のスニーカーに付属するシューレースでは物足りなくなり、高級感を醸し出すシューレースに交換したくなる。これが専門ブランドのシューレースに人気が集中しているロジックだ。特に知名度の高いKIXSIXブランドの限定品は人気が高く、それ自体がプレミア価格で取り引きされている。

brand information : KIXSIX

公式Instagram:
@kixsix_official

KIXSIXブランドのシューレースは定番品であればWebショップをこまめに検索すれば購入可能。限定品の発売情報は、公式Instagramアカウントを確認するのが近道だ。また2019年9月には東京の吉祥寺に待望の直営店がオープン予定。その最新情報も公式Instagramアカウントを確認しよう。

2019年9月に
直営店
「KIXSIX KICHIJOJI」
がオープン予定

CASE STUDY #03
D.I.Y／グッズ④

REPAIR SKILL 2

KIXSIXブランドサイズチャート
シューレースを結ばないスタイルも検索可能

KIXSIX WAXED SHOELACE CAPSULE
オリジナルデザインのカプセルに入ったワックスドシューレース。定番品の価格は各サイズ共に1800円（税別/2019年7月現在）。

KIXSIX WAXED SHOELACE 2P
表面にワックスをコーティングして高級感を演出したワックスドシューレースの2本セット。定番品の価格は各サイズ共に2800円（税別/2019年7月現在）。

サイズ	スタイル	推奨モデル例
80センチ	シューレースを結ぶ場合	NIKE STEFAN JANOSKI
		adidas NMD R1
		VANS ERA
	シューレースを結ばない場合	
120センチ	シューレースを結ぶ場合	adidas STAN SMITH
		Converse CT70 Low
		NIKE AIR JORDAN 11 LOW
	シューレースを結ばない場合	NIKE AIR JORDAN 1 LOW
		NIKE AIR JORDAN 3
		NIKE AIR JORDAN 5
140センチ	シューレースを結ぶ場合	NIKE AIR JORDAN 11
		NIKE AIR JORDAN 1 LOW
		NIKE AIR MAX 90
		VANS SK8-HI
	シューレースを結ばない場合	AIR JORDAN 4
		NIKE AIR JORDAN 1 HIGH
		NIKE AIR JORDAN 12
160センチ	シューレースを結ぶ場合	NIKE AIR JORDAN 1 HIGH
		AIR JORDAN 4
		NIKE AIR FORCE 1 MID & HIGH
		Converse WEAPON HI
	シューレースを結ばない場合	

HOW TO KICKS REPAIR

REPAIR SKILL 8

今さら聞けないシューレースの結び方
覚えておくべきシューレーシングはこの2種類

スニーカーのリペアが終われば再びシューレースを通す儀式が待っている。シューレースの通し方、いわゆるシューレーシングの種類にはいくつも存在するが、基本中の基本と言えばここで紹介する"オーバーラップ"と"アンダーラップ"の2種類だ。これ自体を知っている人は少なく無いだろう。それぞれのシューレーシングには履き心地に影響する特性があるので、好みに合うタイプを選んでおきたい。

オーバーラップ

シューレースを通す"ハトメ"の上から差し込むのがオーバーラップと呼ばれるシューレーシングだ。この通し方はスニーカーを着用しても緩みにくい特性があり、シューレースを通した直後のタイトな履き心地を好む人に適している。最近ではシューレースを最後に結ばないスタイルも一般的になりつつあるが、そのスタイルにも相性の良いシューレーシングと言える。

アンダーラップ

最初の1段はオーバーラップと同じだが、2段目以降は"ハトメ"の下から差し込むシューレーシングがアンダーラップだ。アンダーラップはスニーカーを着用すると足の形に合わせて少し緩む傾向があり、購入したスニーカーが微妙にタイトに感じたり、リラックスした履き心地を好む人に適している。もちろん緩むといっても脱げてしまう程ではないので

REPAIR SNEAKER
GALLERY

スニーカーリペアで現代に復活したかつての名作たち

1

2

3

4

5

6

1	2	3	4	5	6
AIR MAX 95 "BLACK BORDER"	AIR MAX 95 "FOOT LOCKER EXCLUSIVE"	WMNS AIR MAX 96	AIR MAX 97 SS "TEAM RED"	AIR MAX 1 "ATMOS ELEPHANT"	AIR BURST 2
Original release year:1996 Customize builder: @hashidaian	Original release year:1998 Customize builder: @toshimta	Original release year:1996 Customize builder: @satou3366	Original release year:1997 Customize builder: やなっく	Original release year:2007 Customize builder: @satou3366	Original release year:1996 Customize builder: @grv.molee

ここで紹介したのは全て経年劣化で着用が難しくなったスニーカーをリペアして、履ける状態に仕立てたリペアスニーカーだ。
オリジナルのディテールを尊重するリペアだけでなく、本来の意匠を受け継ぎつつアップデートしたリペアまでアプローチ方法は様々だ。

7	8	9	10	11	12
AIR JORDAN 1 "CHICAGO"	AIR JORDAN 4 "FIRE RED"	AIR WORM NDESTRUKT	AIR WORM NDESTRUKT	AIR FOOTSCAPE	AIR MAX TAILWIND
Original release year:1994	Original release year:2012	Original release year:1996	Original release year:1996	Original release year:1996	Original release year:1996
Customize builder: @toshimta	Customize builder: やなっく	Customize builder: @hashidaian	Customize builder: やなっく	Customize builder: @toshimta	Customize builder: @hashidaian

#GALLERY

CASE STUDY #03
D.I.Y/グッズ④ >> AAAAAAA

CASE STUDY

#04

SOLE SWAP & ALL SOLE/ソールユニットの交換

多くのスニーカーで避けられないのは経年劣化による加水分解。
素材の劣化が原因のため、劣化した箇所を他の素材に交換しなければ再び着用するのは難しい。
またナイキのテクノロジーであるエアユニットも、エアが抜ければ寿命が尽きたと言わざるを得ない。
この対策として注目を集めているリペア技術が、新しいスニーカーからソールを外して
貼りかえる"ソールスワップ"と、ソールを新たに作り起こす"オールソール"だ。
ここからはソールユニットの交換に関するリペア情報を紹介していく。

今さら聞けないスニーカーパーツの名称
ミッドソールとアウトソールの違いって何?

Sole Swap
REPAIR SKILL 1

UPPER スニーカーのソール(靴底)以外のパーツを総称して"アッパー"と言う。地面との摩擦や衝撃に晒されるソールと比較するとダメージを受けにくいが、合成皮革素材のアッパーは軽く手入れが容易な反面、経年劣化に弱い傾向が強い。

MID SOLE スニーカーに求められるクッショニング性能を発揮するのがミッドソールだ。この素材に使われているポリウレタンの経年劣化は加水分解と呼ばれ、素材がボロボロになってしまう。加水分解の原因と対策はP.140を参照のこと。

OUT SOLE 靴底とも表記される直接地面に接地するパーツ。ミッドソールとアウトソールを総称して"ソールユニット"と呼ぶ。一般的にラバー素材が使われているので加水分解は発生しないが、経年劣化で硬化が進み、ひび割れてしまうケースもある。

CASE STUDY #04
SOLE SWAP & ALL SOLE//ソールスワップ&オールソール

SOLE SWAP & ALL SOLE

REPAIR SKILL 2 スニーカーリペアに適した接着剤とプライマー
国産アイテムが増えてソールスワップのハードルも下がった

単なる見た目の復活だけでなく、実際に着用する目的でソールスワップを行う際には、素材に適した接着剤や、指定されるプライマーが必要だ。特に乾燥させてから接着するスニーカー専用接着剤は高い接着強度が期待できるもの。ここでは国内外で高く評価されているソールスワップに適した接着剤や、2019年に登場したばかりの期待の新製品を紹介しよう。

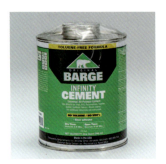

BARGE INFINITY CEMENT
（バージインフィニティセメント）
国内外のカスタム職人が愛用する信頼性の高い接着剤。プライマーを必要とせず、乾燥させてから接着させるスニーカー専用接着剤で、接着する直前にヒートガンで乾いた接着面を加熱する必要がある。

BARGE SUPER STIK CEMENT
（バージスーパースティックセメント）
インフィニティセメントの接着力強化版と評価されているタイプで、上級者向けのスニーカー専用接着剤。インフィニティセメントと同様に国内での正規販売ルートが無く、入手は個人輸入や代行業者に依頼する前提になる。

CEMEDINE SUPER XG
（セメダインスーパーXゴールド）
一般的な接着剤と同じ感覚で使える強力接着剤。全国のホームセンターなどで入手可能なのも大きなアドバンテージ。接着後約24時間で実用的な強度を発揮するため、それまでは重りなどで圧迫する必要がある。

SAMURAI CEMENT
（サムライセメント）
スニーカーリペア専門店が2019年に販売を開始した国産スニーカー専用接着剤。乾燥後に接着するタイプで、専用のプライマーを必要とせず、直前にヒートガンで乾いた接着面を加熱してから接着する。

SNEAKER AT RANDOM GLUE
（スニーカーアトランダムグルー）
スニーカーリペア専門店が2019年に販売を開始した国産スニーカー専用接着剤。専用のプライマーを必要とするタイプで、接着面を乾燥させて接着する際にヒートガンを必要としないのが特徴だ。

SNEAKER AT RANDOM PRIMER
（スニーカーアトランダムプライマー）
スニーカーアトランダムグルーに適したプライマー。素材にあわせ、2種類を使い分けるプライマーで、接着剤の前に塗ると仕上がり時の接着力が向上する。実際の使用感はP.020からのリペア事例を参照のこと。

HOW TO KICKS REPAIR

REPAIR SKILL 3

ソールスワップの必須アイテム
スニーカーリペアのプロも使用している溶剤と専用器具

ソールスワップに必要なスキルは接着だけでない。交換用のソールを剥がす技術や、サイドにステッチが入る"オパンケ製法"と呼ばれる製法の場合はステッチ糸を外し、再び手縫いするスキルも必要だ。それらの工程を効率よくこなすには、用途に応じた溶剤や器具が欠かせない。ここではスニーカーリペアのプロも使用している溶剤や専用器具の中で、一般でも購入可能なアイテムを紹介する。

アセトン
劣化した古いスニーカーのソールを剥がす事は難しくない。だが、新しいスニーカーから交換用のソールを剥がす工程は、強力な接着剤を溶かす溶剤を使わなければ難しい。ソール剥がしに適した溶剤の中では"アセトン"が比較的入手が容易だろう。アセトンは引火性が強く健康にも悪影響を及ぼすリスクがあるため使用時の換気や保管場所に注意する必要が生じるが、そうしたデメリットを考慮してもソール剥がしの効率化には不可欠な溶剤だ。実際の使用方法はP.068などに掲載している。

ステッチャー/ステッチ糸
アッパーとソールの接合箇所にステッチを施す製法は"オパンケ製法"と呼ばれ、ソールスワップ時にはレザークラフト用のハンドステッチャー（手縫機）と糸を使用する。ハンドステッチャーはクラフトショップで手頃な価格で販売されているタイプでも機能的には充分。ステッチ用の糸は好みに応じて選べば良いが、ある程度の太さと糸自体の強度が必要になる。ここで紹介するのはSEIWA社が発売する"ダブルロー引き糸 0番手"と呼ばれる商品だ。ハンドステッチャーを使ったステッチ縫いの手順は、P.106などを参考にしよう。

SAMURAI CEMENT 問い合わせ先

BOIL

サムライセメントの商品問い合わせはリペアショップBOILの公式Instagram（@boil1192）まで。今後は専用塗料やトップコートなど、リペアに活用できるアイテムを"SAMURAI TOOLS"として展開予定。

※上記以外の商品情報はWebショップなどを確認のこと（BARGEブランドは国内正規代理店がありません）

SNEAKER AT RANDOM 問い合わせ先

JUNKYARD高円寺

スニーカーアトランダムグルー及び
スニーカーアトランダムプライマー
商品問い合わせ先：JUNKYARD高円寺

ショップインフォメーションは P.009 へ >>

#SOLE SWAP & ALL SOLE

CASE STUDY #04
SOLE SWAP & ALL SOLE//
ソールスワップ＆オールソール

CASE STUDY #04
SOLE SWAP & ALL SOLE／／ソールスワップ&オールソール

REPAIR SKILL 4

新品スニーカーのソール剥がしはプロでも苦戦する
ソールスワップに不可欠の新品ソール剥がし

ソールスワップにはコンディションの良い新品スニーカーのソールを用意するのが望ましいが、そのソール剥がしはプロショップの職人でも困難を伴う。例えカジュアル用のスニーカーであっても、新品状態ではスポーツシューズと同等の強度が求められるのは当然のこと。カジュアル用だからといって壊れやすくて良いハズがない。ここではプロショップで実際に新品スニーカーのソールを剥がしてもらい、その工程と残った接着剤跡の処理方法を紹介する。

01 今回は2017年に発売されたズームダンクのアウトソールを剥がしていく。サイドにステッチが入るオパンケ製法のスニーカーなので、クラフトショップでも手に入る"リッパー"を使ってステッチ糸を切り離していく。

02 ステッチ糸を切り離したらアッパーとソールの境界線にヒートガンで熱風を当てていく。熱で接着剤を柔らかくして、ソール剥がしの切っ掛けとなる隙間を作り出す工程だ。

03 隙間ができたらスポイトなどでアセトンを注入し、ソールユニットを一気に剥がしにかかる。文章の説明だと簡単に感じるかもしれないが、片足のソールを剥がし終わるまでに1時間以上を必要とした。

04 ソールに残った接着剤跡を除去するウラワザが、シューズのアウトソール素材として販売されている生ゴムの板"クレープソール"だ。接着剤との食い付きが良いため、消しゴムのように接着剤跡を除去できる。

05 接着剤跡を除去するだけならアセトンやシンナーを使う方が楽だが、そうした溶剤はソールを傷めるリスクがある。なるべくソールを傷めずに作業を進めるのもプロならではのコダワリだ。

06 新品のアウトソールを剥がし終えた状態。プロショップでも、両足を剥がすまでに3時間以上の作業が必要だった。個人のソールスワップでもソール剥がしに苦労するだろうが、根気よく作業する以外の正解は無いのだ。

取材協力：スニーカーアトランダム本八幡
ショップインフォメーションは P.086 へ ≫

HOW TO KICKS REPAIR

REPAIR SKILL 5 Notes!

ソールスワップはサイズ選びに注意
同じサイズ表記のソールがスワップ可能とは限らない

同じブランドのスニーカーでソールスワップを行う際、サイズ表記が同じであれば特に問題なく交換できると考えがちだが、生産国や年代により、ソールの大きさや形状が異なるため同サイズでもスワップ不可能なケースもあるので注意が必要である。ソールスワップ用に剥がしたソールのサイズが大きく異なり、貼り合わせが出来なかった時の精神的ダメージは計り知れない。ここでは1999年製のダンクに、2017年に製造されたズームダンクのソールユニットを合わせてサイズの違いを確認してみよう。

01

02

ソールスワップをイメージしてサイズを合わすのは、P.068で紹介した、2017年製のズームダンクから剥がしたもの。生産国はベトナムと表記されている。スケートボード用に再設計されたアップデートモデルだが、オパンケ製法によるサイドのステッチを含め一般的なダンクと見た目はそれほど変わらない。

アッパー側の素材として用意したのは1999年に復刻されたダンクである。インナーのタグを確認すると、ズームダンクと同じUS10.5（28.5センチ）と表記されているのが分かるだろう。生産国はズームダンクがベトナム製だったが、こちらは中国で生産されたと表記されている。

03

04

実際にソールを合わせてみると、つま先部分に約1センチ程の隙間が出来ている。同じUS10.5表記でも、これ程までにパーツのサイズが異なっているのだ。プロショップの職人に確認すると、少々のサイズ違いであれば圧着工程でリカバリー可能だが、ここまで違うとスワップは不可能と判断されてしまった。

試しに2019年に発売されたローカット仕様のAJ1のアッパーに合わせてみたが、今度はソールが浅く、接着面が大幅にはみ出してしまった。どのアッパーとソールを組み合わせれば良いかはケースバイケースとなるため、Instagramなどで、ソールスワップ経験者にアドバイスを求めるのも良いだろう。

CASE STUDY #04 SOLE SWAP & ALL SOLE// ソールスワップ＆オールソール

BLAZER
オールソール
製作レポートは P.126 に掲載

ブレーザーの
ソールユニットを
イチから作る

CASE STUDY #05
SOLE SWAP/ソールスワップ

CASE STUDY #05
SOLE SWAP/ソールスワップ① » AIR BURST 2

1996年生まれの人気スニーカーを ソールスワップして復活させる

経年劣化や摩耗でリペア不可能になったソールをコンディションの良い他のスニーカーのソールと交換する"ソールスワップ"は、過去の名作スニーカーを再び履くためのリペア術として、国内外で注目を集めている。特に、これまで復刻されていない限定モデルのソールスワップが人気だ。ここで紹介する1996年発売の"エアバースト2"も2019年時点で復刻されておらず、ソールスワップのベースとして人気が急上昇している。

取材協力:TAKUMI KIDOKORO(スニーカーアトランダム本八幡)

主な取得スキル	
■古いソールの剥離とクリーニング	P.073
■交換用ソールの準備	P.076
■接着面の下処理	P.079
■交換用ソールの接着	P.082

072

CASE STUDY #05
SOLE SWAP/ソールスワップ① >> AIR BURST 2

加水分解したソールの確認
20年を越える時間がポリウレタンを劣化させる

Start / REPAIR SKILL 1

スニーカーコレクターを悩ませる加水分解は、クッショニング材に使われるポリウレタンが大気中の水分の影響で劣化する症状だ。当時から加水分解しにくいクッショニング材も存在していたが、耐久性よりも瞬間的なパフォーマンスが重視されるスポーツシューズにとって、軽量で比較的安価なポリウレタンは理想的な素材。そのため現代のスポーツシューズでも当たり前のように使われている。

Repair Start

01 ソールスワップのベースに選んだのはレディース専用カラーのエアバースト2。1996年発売のオリジナルだ。エアバースト2はオリジナル当時も国内未発売モデルで、レディースカラーは並行輸入された数も少なく貴重な資料だが、履けない状態で保管し続けるのも忍びなく、ソールスワップする事に決めたのだ。

02 ソールユニット取り用に選んだのは2018年に復刻されたエアマックス93だ。アッパーのデザインは異なっているものの、ソールユニットのデザインは共通なので、エアバースト2のソールスワップには最適な1足と言える。新品未使用なのが惜しいが、今回は涙を飲んでソール取りに使用した。

03 エアバースト2の加水分解はエアユニットが露出するヒール部分が特に酷く、持ち上げるだけでソールが剥がれてしまう。特徴的なエアユニットも乾燥したパスタのように硬化しており、軽く指で触っただけで簡単に割れてしまう。

04 軽い力でアウトソールが剥がれてしまった。完全に加水分解したミッドソールが粉のようにボロボロと崩れ落ちてくる。加水分解は大気中の水分の影響による劣化症状なので、空気が乾燥している国でストックされていたエアバースト2の中には、ごく稀に加水分解が進んでいない個体が発見される。

CASE STUDY #05
SOLE SWAP/ソールスワップ① >> AIR BURST 2

ミッドソール接着面のクリーニング
ドライバーやヘラを使ってサクサクと削り落とす

REPAIR SKILL 2

憧れのスニーカーを例え一度も履かずに大切に保管していても、完全な真空パックでも行わない限り加水分解は突然やってくる。久しぶりにボックスを開けた時、ミッドソールにヒビが入っていた経験は、ハイテクスニーカーブーム時代のスニーカーをコレクションしている人なら1度は体験しているのではないだろうか。加水分解は珍しい経年劣化ではない。いつかはリペアに挑戦したいと考えているならば、加水分解のショックと決別すべく、劣化したソールは剥がすに限る。

05 エアバースト2のソールユニットを完全に剥がした状態。劣化したポリウレタンから、エアユニットの鮮やかなブルーが顔を出しているのが何とも痛々しい。コンディションによってはアウトソールやシャンクパーツが再利用できるケースがあるが、今回に限っては使えそうなパーツは見当たらない。

06 アッパー側にこびり付いたミッドソールをマイナスドライバーなどで削り落としていく。加水分解したソールを削る際に力は必要だが、ドライバーの先でアッパーを傷つけないよう、ソールに差し込む時の角度には注意したい。

07 薄くこびり付くミッドソールには、先が丸く加工されたステンレス製のコーキングヘラや軟膏ヘラを使うと落としやすい。ステンレス製のヘラは柔軟性が高く、ソールの接着面に軽く押し付けるように使うとやりやすい。価格も比較的手ごろなのも嬉しいポイントだ。

08 アッパーに付着したミッドソールを大まかに削り取った状態。この状態にするまでは慣れれば片足10分も掛からないだろう。また、残ったミッドソール素材がベタつく事があるので、気になる人は使い捨ての手袋を使用すると快適だ。

\# SOLE SWAP

074

HOW TO KICKS REPAIR

REPAIR SKILL 8

ミッドソール接着面のクリーニング
プロショップはシューズ用のグラインダーを活用

劣化したミッドソールが少しでも残っていると、仕上がり時の接着力が著しく低下してしまう。完成時の満足度を高めるためにも、劣化したミッドソールは完全に除去しなければならないのだ。この精度を高めるためにプロショップでは"フィニッシャー"と呼ばれるベルト式のグラインダーを使用。個人のソールスワップではサンドペーパーなどを活用してクリーニングしていく。

09
アッパーに残ったミッドソールを、リペアショップではお馴染みのベルト式グラインダーでクリーニングしていく。このマシンは個人でも購入可能だが、それなりの中古品でも10万円以上の出費が必要なので、サンドペーパーなどを使って地道にミッドソールを落としていこう。

10
細かいミッドソールの除去が完了したら、シンナーやアセトンを含ませた布で接着面を拭き上げていく。アッパーが濡れるのが気にならなければメラミンスポンジを使う方法もあるが、エアバースト2のアッパーには合成皮革が使われている。古い合成皮革は水分に弱いので注意が必要だ。

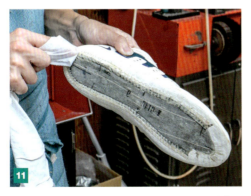

11
特に接着強度が必要となるサイド部分は、念入りにミッドソール素材をクリーニングする。ミッドソール接着面のクリーニングには"やりすぎ"は無いが、シンナーやアセトンはアッパー素材を劣化させる特性もあるので、溶剤の使用量はほどほどに抑えたい。

12
もう片足も同様にクリーニングしていく。劣化したミッドソールは崩れやすく、剥がれた素材が服や部屋に飛び散りやすい。部屋で同様の作業を行う際は広い範囲に古新聞を敷くだけでなく、プロショップの職人のようにエプロンを使うのも良いアイデアだ。

CASE STUDY #05
SOLE SWAP/ソールスワップ① >> AIR BURST 2

REPAIR SKILL 4

アッパーとソールの間に隙間を作る
お湯や溶剤を使って大胆に攻めていく

P.068でも紹介した通り、新しいスニーカーのソールはとにかく剥がしにくい。剥がしにくさの原因である強力な接着剤への対抗策としてはソールの接着面を加熱するか、アセトンやシンナーなどの溶剤が効果的だ。ここではアッパーへのダメージを考慮せず、なるべく早く剥がす事だけを優先して新品状態のエアマックス93からソールを剥がしてみよう。

13

ソールを剥がす最初のステップは、作業の切っ掛けとなる隙間を作ることが重要だ。その隙間を作るため金属製のヘラにアセトンを付けソールの接着面に差し込もうと試みたが、頑丈に接着されている新品スニーカーには目に見える結果が得られなかった。

14

ヘラを差し込む隙間が作れなかったため、インソールを剥がし、熱湯を大胆に注ぎこんでいく。見た目のインパクトが大きい工程ではあるが、ソールスワップの作業としては比較的一般的に行われている。剥がす対象が新品スニーカーのため、臭いも特に気にならない。

15

充分に熱を加えたら冷える前に隙間を作ってしまおう。ここでは力を加えやすいヒール部分を攻めている。一般的にソールのつま先やヒールの巻き上げ部分は接着力が強いため、ソールの形状によっては土踏まず部分を剥がすのも効果的だ。

16

アッパーとソールの間に隙間ができれば作業は一気に進む。加熱した状態でソールが剥がれてくれれば良いのだが、無理に力を加えすぎてソールを破損しては元も子もなくなってしまう。これ以上は難しいと感じたら、溶剤で剥がす施策に切り替える方が良いだろう。

>>

076

HOW TO KICKS REPAIR

REPAIR SKILL 5
交換用スニーカーのソールの剥離
溶剤を使って手早く剥がす

新品のスニーカーからソールを剥がす際には接着剤を溶かす溶剤を使うと効果的だ。ただし、多くの溶剤はミッドソール素材を劣化させる特性があり、さらにソールがペイントされている場合は塗料も落としてしまう。ソールスワップの作業を進める上でアセトンなどの溶剤が必須となるケースも少なくないが、その取り扱いには細心の注意を払い、最小限の量を使用するよう心掛けたい。

17 今回の作業ではソール剥がしの溶剤にアセトンを使用した。一般的なアセトンは蓋の開閉に手間が掛かる缶に入っているため、スポイトなどにアセトンを移してからアッパーとソールの間に流し込んでいく。容量の大きなスポイトが無い場合は、小型のガラス瓶などにアセトンを移すと作業がやりやすい。

18 40分ほどで片足のソール剥がしが完了。その大半は最初の隙間を作る作業に費やした時間で、アセトンを使い始めてからは15分も掛かっていない。アセトンは揮発性が高いため剥がし終えたソールを劣化させるリスクは低いが、気になるようであれば作業面を水洗いして、しっかり乾燥させよう。

19 両足のソールを剥がし終えた状態。もう片足は同じ工程の繰り返しとなり効率的に作業を進めることができたため、20分ほどで剥がすことができた。ソールの剥離は時間が短ければ良い訳では無いが、時間が短ければ溶剤の使用量も少なくなるため、手早い作業を行う意味はある。

20 新旧ソールの比較。約20年の経年劣化が一目瞭然だ。ナイキの場合、近年のスニーカーにはポリウレタンよりも加水分解しにくい"ファイロン"と呼ばれる樹脂を使用しているが、何年以降のどのモデルにファイロンが使われているかについては具体的に示されていないようだ。

#SOLE SWAP

CASE STUDY #05
SOLE SWAP/ソールスワップ①
>> AIR BURST 2

CASE STUDY #05
SOLE SWAP/ソールスワップ① >> AIR BURST 2

SOLE SWAP

REPAIR SKILL 6 アッパーとソールのサイズ確認
ソールスワップの可否を判断する緊張の瞬間

それぞれのアッパーとソールを剥がし終えたら、実際に接着する面でパーツを合わせ、サイズの相性を確認しよう。P.069にて紹介した通り、スニーカーに表記されるサイズが同じであっても年代によってパーツの形状が異なるため、外したパーツで必ずソールスワップが成功するという保証は無いのである。アッパーとソールのサイズ合わせは、ソールスワップ自体の可否を判断する緊張の瞬間なのだ。

21 同じデザインのソールを使うスニーカーでも、1996年発売のエアバースト2と2018年に復刻されたエアマックス93では、製造年に20年以上の開きがある。さらにエアバースト2はレディース用でエアマックス93はメンズ用であるため、スニーカーのサイズ表記があてにならない可能性もある。

22 今回はエアバースト2が26センチ、エアマックス93が25.5センチと表記されているスニーカーをセレクトした。これはレディース用に作られたスニーカーには若干タイトな仕上げになっているケースが多く、エアマックス系の復刻モデルが若干大きめのソールになっている経験則から導き出したサイズ選びだ。

23 アッパーとソールを合わせた結果、数ミリほどソールが大きかったのだが、この程度であればソールを圧着する際にリカバリーが可能だと判断した。今回のケースでも、エアマックス93を同じ26センチで用意していたら、ソールスワップが不可能だった可能性もある。

24 サイズ自体は許容範囲だったが、ソールのヒール部分では深さが若干浅いようで、貼り合わせた際に元々の接着跡が見えてしまう。気にならないと言えば嘘になるが、接着剤を除去する作業はアッパーを傷めるリスクがあるため、今回はこのままスワップする事にした。

>>

HOW TO KICKS REPAIR

REPAIR SKILL 7

ソール側接着面の下処理
ソールスワップにおいても下処理の精度が仕上がりを決める

ソールスワップにおいて大きなハードルとなるサイズ確認をクリアしたら、いよいよソールの下処理に進んでいく。アッパーとソールが目の前にあると直ぐにでも接着したくなる気持ちも分かるが、ソールスワップが成功しても着用時に簡単に剥がれてしまっては意味がない。アウトソールの再接着と同じく、完成時の接着強度を高めるには古い接着面の下処理が肝心だ。

25 比較的新しい新品スニーカーであっても、剥がしたソールに付着した接着剤跡は再接着時の強度を著しく低下させる厄介者であり、完全にクリーニングしなければならない。プロショップではグラインダーで処理を進めているが、個人の場合はサンドペーパーやメラミンスポンジを活用して地道に処理しよう。

26 仕上がり時に特に接着力が必要となるつま先部分を丁寧にクリーニングするのは、アウトソールの再接着と同様。古い接着剤跡がダマになって取りにくい場合は、アセトンを付けた綿棒でこすり取ってやると良いだろう。

27 古い接着剤跡の除去が完了したら接着面全体に素材に適合するプライマーを塗っていく。再接着時にプライマーを必要としない接着剤を使用する場合は、ホコリや接着剤のカスを綺麗に取り除き、しっかりと乾燥させておこう。

28 プライマーを塗る場合にも、接着強度が必要なつま先の巻き上げ部分は特に念入りに処理しよう。アセトンを使ったソール剥がしとは対照的に、いくら時間をかけてもリスクは生じないため、可能であれば乾燥後に二度塗りする位の余裕が欲しいところだ。

CASE STUDY #05
SOLE SWAP/ソールスワップ①
>> AIR BURST 2

#SOLE SWAP

CASE STUDY #05
SOLE SWAP/ソールスワップ① >> AIR BURST 2

REPAIR SKILL 8

アッパーのプライマー処理と乾燥
サイドの巻き上げ部分は特に念入りな処理を行う

古いミッドソールと接着剤跡をクリーニングしたアッパーに、貼り合わせ時の接着力を高める目的で下処理を実施する。今回取材したプロショップではプライマーを必要とする接着剤を使うため、接着面にプライマーを塗布する処理からスタートしていく。画像的にはここから似たようなアングルの繰り返しになるが、仕上がりの精度を高める上で大切な工程のレポートになるため何卒ご了承頂きたい。

29 ソールを剥がしたエアバースト2のアッパーには、うっすらと接着剤の境界線が残っている。プロショップの職人は境界線とサイズ合わせした際の感覚を基にプライマーを塗り始めたが、ソールスワップの初心者であれば、ソール合わせの際にマスキングテープを貼ると安心だ。

30 筆の幅広い面を使って均一にプライマーを塗り広げていく。一般的なプライマーを使った筆は水では洗浄できず、シンナーなどで洗う必要がある。少々勿体ないが筆を洗浄するシンナーを用意するのが難しければ、100均の筆を使い捨てにするのもひとつの選択だ。

31 全体にプライマーを塗り終えたら一旦乾燥させ、充分に乾燥したらヒール周りやつま先の巻き上げ部分など、再接着時に負荷が掛かる場所を中心にプライマーを二度塗りする。この作業には塗り残しリスクを軽減する目的もあるため、面倒でもプライマーを二度塗りは行うべきだ。

32 両足のアッパーにプライマーを二度塗りしたら再び乾燥させる。必要な乾燥時間は気温や湿度に左右されるが、概ね20分以上乾燥させれば良いだろう。風通しの良い場所で乾燥させるのが望ましいが、処理を行った面にホコリや虫が付着するリスクが低い場所を選びたい。

HOW TO KICKS REPAIR

REPAIR SKILL 9

ソールに接着剤を塗布する
ソールの向きを持ち替えてまんべんなく接着剤を広げていく

プラモデルを筆で塗装した経験のある人ならイメージできるだろうが、いくら丁寧に筆塗りしたつもりでも、完成時に色がムラになってしまうことがある。その原因のひとつに考えられるのは、塗料を塗る際の筆を同じ方向だけに動かしたため、塗料が厚く乗っている部分と薄い部分ができてしまう失敗だ。これはスニーカーに接着剤を塗る作業でも同様である。接着面全体になるべく均一に接着剤を塗るために、手にしたパーツを何度か持ち替えながら、筆を動かす方向を変えて作業を進めよう。

33
P.079で塗ったプライマーを触って指に付着しなければ乾燥工程は完了。接着する面の全体に接着剤を塗っていこう。P.066で紹介した缶に詰められたスニーカー専用接着剤では、蓋にブラシが装着されている。ブラシが小さく使いやすいとは言えないが、ソールスワップ用であれば充分活用できる。

34
プロショップでは接着剤専用の筆が用意されており、接着面全体に一気に塗り広めていく。もちろん初心者でも別売りの筆を使った方が作業を進めやすいが、プライマーと同様に使用後の筆はシンナー類で洗浄する必要があるので注意のこと。

35
プロショップでの作業を取材した際に、職人が時折パーツを持ち替えながら接着剤を塗っている事に気付いた。毎日のようにシューズのリペアを行うプロショップであっても、筆塗り時の基本は外せない。初心者であればなおのこと、基本を忘れず丁寧に作業を進めるべきだ。

36
ソール全体に接着剤を塗り終えたら一旦乾燥させ、つま先の巻き上げ部分やサイドを中心に二度塗りする。プライマーと同じ手順の繰り返しで、接着剤が乾くまでにそれなりの時間を要するためつい省略したくなるが、履くためにソールスワップするのだから仕上がり強度を意識するのも当然だろう。

CASE STUDY #05
SOLE SWAP/ソールスワップ① >> AIR BURST 2

REPAIR SKILL 10 アッパーに接着剤を塗る
乾燥と二度塗りはソールスワップの基本

筆塗りと乾燥をひたすら繰り返すソールスワップの下準備もいよいよ大詰め。ここではアッパーに接着剤を塗っていく。そして筆塗りと乾燥を地道に繰り返すのだ。この作業を追えればアッパーとソールの貼り付けが待っている。

その接着力を間違いないものに仕上げるため、ソールスワップが完成した姿とストリートで着用した際のイメージをモチベーションに、目の前の地道に作業に取り組もう。

37 プライマーの乾燥が確認できたら、アッパーの接着面全体に接着剤を塗っていく。ここまではスニーカー専用接着剤の塗布作業を紹介しているが、セメダインスーパーXを使った接着準備もP. 093から紹介しているので、そちらも参考にして頂きたい。

38 プライマーの塗布と同じく、アッパーに残る接着面の境界線に沿って丁寧に接着剤を塗っていく。つま先の巻き上げ部分やサイドを特に念入りに作業するのは、アウトソールの再接着やプライマー処理と同様の注意すべきポイントになる。

39 接着剤が乾燥したら強度が求められる部分を中心に二度塗りしていく。P.080で紹介したプライマー処理と同じ構図が続いているが持っている筆が違う。接着剤はプライマーよりも粘度が高く糸を引きやすいのでアッパーを汚さないように注意。心配であればマスキングテープでアッパーを保護しておこう。

40 接着剤の二度塗りが完了したら再び乾燥。塗った面を指で触っても付着しなくなれば頃合いだ。乾燥してから貼るスニーカー専用接着剤の多くは、何らかの理由で数日以上放置してもヒートガンで熱してやれば接着力が復活してくれるので、余裕をもって乾燥させよう。

HOW TO KICKS REPAIR

REPAIR SKILL 11

アッパーとソールの再接着
僅かなサイズの誤差は再接着工程でリカバリーする

いよいよスニーカーのソールスワップにおける最終工程に進んでいく。基本的な手順はP.034で紹介したアウトソールの再接着と同じだが、元々のパーツを再接着するのではなく、別のスニーカーから外したパーツを貼り合わせる点が大きく異なっている。数ミリのレベルではあるが、アッパーよりもソールが大きいソールスワップを完成させる、プロショップのテクニックを紹介しよう。

41
アッパーとソールを貼り合わせる前に、それぞれの形状を確認しながら手順をシミュレーションする。お互いの接着面が直接触れると簡単に貼り付いてしまう状態なので、取り扱いには注意が必要。今回はつま先の巻き上げ部分から接着をスタートさせる。

42
乾燥させてから貼り合わせるタイプのスニーカー専用接着剤は、貼った後の微調整が難しく、一発勝負の集中力が求められる。そのため貼り合わせを開始する箇所の位置合わせは、特に慎重に作業しなければならない。

43
つま先部分の再接着が完了したら、ゆっくりとヒール側に向かってアッパーとソールを貼り合わせていく。アッパーのサイドに残る接着面の境界線に沿うイメージで、左右のブレを調整しながらゆっくりと貼り進めよう。

44
最後にヒール部分を貼り合わせていくが、微妙にソールが大きい分そのままでは接着位置がずれてしまう。ここはアッパーのヒール部分に残った接着位置に、ソールを無理やり合わせてしまうのが正解。前後の間に多少の隙間が出来ても気にせず、つま先とヒールの位置をしっかりと固定しよう。

#SOLE SWAP

CASE STUDY #05 SOLE SWAP／ソールスワップ① ≫ AIR BURST 2

083

CASE STUDY #05
SOLE SWAP/ソールスワップ① >> AIR BURST 2

REPAIR SKILL 12

アッパーとソールユニットの圧着
パーツ形状の誤差をリカバリーするのは力業

サイズの誤差が数ミリレベルという前提ではあるものの、アッパーとソールを圧着する工程で、多少のサイズ違いはリカバリー可能だ。多くのスニーカーの場合、ソールだけでなくアッパーにも微妙に伸縮性があるので力業でサイズを合わせてしまうのだ。どの程度のサイズ差までリカバリーできるかは素材に左右されるため数値化するのは難しい。1センチも違っている場合は諦めるしかないので念のため。

45
ソールスワップしたエアバースト2を金台に装着し、体重をかけて圧着していく。スニーカー専用接着剤を使ったソールスワップでは、つま先やヒール部分の接着が完了していれば、圧着した影響で位置がずれる心配はないが、パーツが固定されるまで時間を要とする接着剤の場合は注意が必要だ。

46
つま先やヒール部分の接着状態を再確認する。ここまでの工程を終えて剥がれてしまった場合は、圧着でリカバリー可能なサイズを超えている証しだ。マスキングテープなどで固定して、剥がれた部分を接着する事も出来なくはないが、見た目の悪さや接着力の低下を覚悟する必要がある。

47
しっかりとアッパーとソールを圧着すれば、サイドパネル周辺も隙間なく接着可能。ヒール部分に残る接着跡はオリジナルに比べ、交換用のソールが浅くデザインされていた事に起因するもの。ここはサイズ合わせ時に確認済みで、想定内の仕上がりと言える。

48
最後に全体の歪みを確認。この状態から修正を施すのは難しいが、あまりに歪みが酷いと着用感にも悪影響を及ぼしてしまう。左右のバランスも含め、あまりに歪みが激しい場合はソールを剥がし、ソールスワップを最初からやり直す勇気も必要だ。

ハイテクスニーカーブーム時に人気を集めた別注スニーカーが復活した

CASE STUDY #05
SOLE SWAP/ソールスワップ① >> AIR BURST 2

リペア完了
ソールスワップはやってみる価値がある

REPAIR SKILL 18 / Complete

ソールスワップのポイントは、サイズ表記に惑わされないスニーカー選びと接着剤やプライマーなどの準備。そして筆塗りと乾燥を根気よく繰り返す忍耐力だ。特にサイズ選びは重要で、リカバリー可能な範囲を超えるとソールスワップ自体が不可能になる。サイズ選びはモデルや年代ごとに異なるため、何を選べば正解という基準が存在しないのは厄介だが、ソールスワップが完成したエアバースト2を目の前にすると、様々なリスクを乗り越えても身につけるべきリペア技術だと確信してしまう。失敗を恐れず"やってみる"価値は充分にあるだろう。今回取材したスニーカーアトランダム本八幡でもソールスワップの相談に乗ってもらえる。但しサイズ選びでは実物が無いと確認しようが無い点は予めご了承のこと。

CUSTOMIZE BUILDER INFORMATION

スニーカーアトランダム本八幡
http://sneaker-at-random.com/

千葉県市川市八幡2-13-12
TEL:047-704-9626
営業時間:10:00〜19:00
火曜定休

KICKS DATA

NIKE WMNS
AIR BURST 2
"Foot Locker exclusive"
(1996)
605036-131
×
NIKE AIR MAX 93
(2018)
306551-104

CASE STUDY #05

SOLE SWAP/ソールスワップ② 》 AIR MAX 95

初めてのソールスワップにもオススメ
一世を風靡した名作スニーカーをリペアする

ソールスワップの需要が高いスニーカーのひとつが、1995年に発売され
"エアマックス狩り"という社会現象を引き起こしたエアマックス95だ。
オリジナルモデルに加え、多くのカラーバリエーションが存在し、
2000年前後までに発売されたモデルの多くが加水分解の症状に悩まされている。
エアマックス95は現在も継続的に復刻モデルが発売されており、
交換用のソールも見つけやすく、ソールスワップを楽しみやすい環境が整っていると言える。

取材協力：TAKESHI TSUBOYA (@takecha6262)

主な取得スキル	
■交換用ソールの準備	P.090
■接着剤の塗布	P.093
■アッパーとソールの再接着	P.095

CASE STUDY #05
SOLE SWAP/ソールスワップ② >> AIR MAX 95

家庭で楽しむソールスワップの下準備
1997年発売のオレンジグラデを復活させる

Start
REPAIR SKILL 1

ここで取材したのは神奈川県の坪谷さん宅。。坪谷さんが3度目のソールスワップに選んだベースモデルは1997年に発売されたエアマックス95"オレンジグラデ"だ。ハイテクスニーカーブーム時にプレミア価格で取り引きされていた貴重な1足に、2009年に復刻された"オレンジグラデ"を使ってソールスワップを行っていく。

Repair Start

01
取材に訪れた時点で1997年版のソールは完全に崩壊しており、アッパーに残ったミッドソール素材を取り除き、古い接着剤跡を除去している最中だった。劣化したミッドソールを剥がす手順はP.074にも掲載しているので、そちらも参照のこと。

02
プロショップの工房とは異なり自宅でソールスワップを行う際には、極力部屋を汚さないことが家族から反感を買わない秘訣だ。ソール剥がしの作業で飛び散った汚れは、ハンディクリーナーなどを使ってこまめに掃除しよう。

03
アッパーのクリーニングが終わったら交換用のソールを剥がしていく。ベースの1997年版"オレンジグラデ"のサイズ表記がUS9.5（27.5センチ）なのに対し、ソールを外す2009年版はUS8.5（26.5センチ）をチョイス。表記上は1センチも異なるが、事前に採寸した結果、このサイズがベストだと判断したとのこと。

04
ソール剥がしのきっかけを、熱湯をかけて作っていく。2009年版のシューレースとインソールを外せば熱湯をかける準備は終了。家庭での熱湯処理は洗面台や風呂場で行うのが一般的だが、耐熱性に優れるシリコーン製の容器を準備すれば、デスクの上でも作業可能だ。

CASE STUDY #05
SOLE SWAP/ソールスワップ② >> AIR MAX 95

熱湯を作ってソールに隙間を作る
スニーカーが冷える前にソール剥がしの切っ掛けを探し出す

REPAIR SKILL 2

ソール剥がしの切っ掛けとなる隙間を作るため、スニーカーに熱湯を注いでいく。お湯の熱でソールの接着剤を柔らかくして、剥がしやすい場所を探すのだ。温度が下がると柔らかくなった接着剤が硬化するので、火傷に注意しながら手早くソールを剥がさなければならない。ソールに隙間が見つかったら、アセトンを使って一気にソールを剥がしていこう。

05 耐熱容器に2009年版の"オレンジグラデ"を入れ、履き口に熱湯を注いでいく。部分的に熱を加えるヒートガンとは異なり、スニーカーに溜まったお湯がソールの接着面全体を熱してくれるので、シンプルではあるが効果が期待できるやり方だ。

06 熱したスニーカーの温度が下がる前に、火傷に注意しながらアッパーとソールが剥がれるように力を加え、隙間ができた部分を探していく。今回は前方のエアユニット付近や土踏まず周辺のアッパーとソールの間にわずかではははるが隙間が出来ている。この隙間を活かしてソールを剥がしていこう。

07 ソールに使う隙間が確認できたらアセトンを使ってソールを剥がしていく。ここまでの流れでソール剥がしの切っ掛けになりそうな隙間が出来ない場合は、再びスニーカーに熱湯を注ぎ、熱いうちにマイナスドライバーをアッパーとソールの間に差し込んで隙間を作ってしまおう。

08 ここではソールの隙間にアセトンを注入する器具に目薬の容器を使用する。一般的に入手可能なアセトン缶の蓋は開閉が面倒なので、少量を別の容器に移すと良いだろう。またアセトンは揮発性が非常に高く引火性も強いので、使う量を移し終えたら缶の蓋をしっかりと閉じる習慣を身につけたい。

HOW TO KICKS REPAIR

REPAIR SKILL 8

アセトンを使ったソール剥がし
ソールを外すスニーカーも古い方が剥がしやすい

スニーカーに使われるポリウレタンや接着剤は時間と共に劣化するため、スワップ用のソールユニットも新しいスニーカーから剥がした方が耐久性に期待できる。ただ、ある程度時間が経ったスニーカーは接着力が落ちているのでソールを剥がしやすくなる。耐久性を取るか作業効率を優先するか。そのどちらにもメリットとデメリットがあるので自分に合ったタイプを選ぶと良いだろう。

09 目薬の容器に吸い取ったアセトンをアッパーとソールの間にできた隙間に流し込んでいく。アセトンは直ぐに乾燥（揮発）するので大量に流し込みたくなるが、ソールを傷めるリスクがあるため、接着面の状態を確認しながら少量を流し込むように注意したい。

10 5分ほどで土踏まず付近の接着面に隙間を作る事ができた。この隙間にアセトンを流し込みソールを剥がすのだが、溶剤を使ったからと言って接着力が完全に消滅するわけでは無く、それなりの力を込めて剥がす作業が必須となる。ソールスワップは気合と根性も必要だ。

11 アセトンを使い始めてから10分も経過せずにヒール部分を剥がす事ができた。復刻版の"オレンジグラデ"は発売から10年が経過しているため、ソールの接着力自体が弱くなっていたのかもしれない。ここまで来れば剥がれたのも同然。再びアセトンを使って一気にソールを剥がしていく。

12 片足のソールを完全に剥がした状態。アセトンを注入してから剥がし終えるまでに要した時間は約19分で相対的に短いと言える。プロショップでも苦労するソール剥がしをスムーズに完了できた要因は、生産から10年を経たモデルのソールを剥がしているため、新品状態よりも接着力が弱くなっていたからだと推測される。

CASE STUDY #05
SOLE SWAP/ソールスワップ② >> AIR MAX 95

接着面のクリーニングとサイズ合わせ

REPAIR SKILL 4

サイズ表記が1センチ小さいソールユニットがフィットした

両足のソールを剥がし終えたら古い接着剤跡の除去とサイズ合わせを行っていく。エアマックス95をソースワップする場合、生産年に開きがある場合は新しいスニーカー（多くの場合におけるソールを使う側のスニーカー）のサイズを小さめに選ぶことは、経験者の間で良く知られている。但し、その条件は年代と生産国の絡みで複雑に変化する。結局はソールを剥がす前の採寸が重要になる。

13 剥がし終えたソールは水洗いしてしっかり乾燥させる。アセトン自体は直ぐに乾燥（揮発）するので洗浄の必要は無いが、剥がす際に飛び散った接着剤跡はクリーニングの邪魔になってしまう。その際にドライヤーを使うと乾きが早くなり、古い接着剤跡が柔らかくなるので除去しやすくなるのだ。

14 ソールの接着面に残った接着剤跡をクリーニングする。広い面はアセトンを染み込ませたメラミンスポンジで手早く処理し、ダマになった部分は同じくアセトンを染み込ませた綿棒でこすり取っていく。アセトンを使わなくてもサンドペーパーなどで処理は可能だが、溶剤を使うと圧倒的に作業が楽になるそうだ。

15 ソールのクリーニングが終了したら、アッパーに合わせてサイズを確認する。ソールスワップで最も緊張する工程のひとつだ。この時に重要なのはパーツの長さだけでなく、接着面の幅やソールの深さを確認することだ。ソールの深さはアッパーに残る接着面のラインとの位置関係で確認できる。

16 各所のサイズを合わせた結果、文字通りのジャストフィットを確認した。ソールスワップに何となく興味があるレベルでは、サイズ表記で1センチも異なるスニーカーから外したソールが丁度良い事に驚くかもしれない。ソールスワップに初挑戦する場合には、経験者やプロショップからアドバイスを受けるのも懸命だ。

HOW TO KICKS REPAIR

REPAIR SKILL 5

セメダインを使ったソールの接着
初めてのソールスワップにもお勧めの柔軟性が嬉しい

アッパーとソールのサイズを確認したら接着工程に進もう。今回は乾いてから乾燥するタイプのスニーカー専用接着剤ではなく、セメダインから発売されている"スーパーX"を使用する。同ブランドからはより強力な"スーパーXG（P.066で紹介）"もラインナップするが、ソール色がブラックのため、同じブラックカラーの"スーパーX"の方が再接着時に跡が目立ちにくいと判断してのセレクトだ。

17
アッパーとソールを合わせ、アッパー側の接着面の境界線にマスキングテープを貼っていく。ソールのヘリの部分には高い接着強度が要求されるため、少々はみ出す位の接着剤を塗ると、仕上がり時に隙間ができるリスクを低くできる。

18
今回使用するのはセメダインの多用途接着剤"スーパーX"だ。ゴムと繊維の接着に優れた接着力を発揮し、硬化した後も柔軟性を維持した状態に仕上がるので、屈曲するスニーカーのソール接着向きの特性と言える。何より一般的なホームセンターなどで入手しやすいのが嬉しい。

19
接着面のクリーニングを再確認したら、チューブから接着剤を絞り出し気持ち多めにソールに乗せていく。セメダインスーパーXは溶剤を使用していない接着剤で、臭いが少ないため自宅の部屋でも使いやすいが、念のため換気は忘れずに行おう。

20
ソールに接着剤を乗せたらパッケージに付属するヘラを使って接着面全体に広げていく。セメダインスーパーXは乾燥時間の関係で接着剤の二度塗りが難しいため、貼り合わせ時に少々はみ出しても構わないという気持ちで、塗り残し箇所の無いようにたっぷりと広げていこう。

#SOLE SWAP 2

CASE STUDY #05
SOLE SWAP｜ソールスワップ②
>> AIR MAX 95

CASE STUDY #05
SOLE SWAP/ソールスワップ② >> AIR MAX 95

REPAIR SKILL 6

アッパーへの接着剤の塗布
スーパーXは片足ずつ塗っていくのがお約束

ソールに接着剤を塗り終えたら、予めクリーニングしておいたアッパーにも塗っていく。セニーカー専用接着剤と同じく、セメダインスーパーXも接着する両面に塗るタイプだ。但しスニーカー専用接着剤に比べ塗ってから貼るまでの時間的猶予が短いため、両足を同時に処理するのではなく、片足ずつ接着剤を塗るのが前提になる。とはいえ、塗った直後に乾燥する訳では無いのでご安心のこと。

21 古い接着剤跡が残っていないことを確認したら、接着面にセメダインスーパーXを乗せていく。アッパー側の接着面はソールに比べて柔らかいため、予めインナーに新聞紙などを詰め込んで張りのある状態にしておくと塗りやすいだろう。

22 付属のヘラを使って接着面の全体にセメダインスーパーXを広げていく。ヘラを縦と横の交互に動かすイメージを持ち、塗りムラの無いように仕上げたい。この接着剤は垂直面に塗っても垂れないほど粘度が高いので、アッパーを塗りやすい角度で支えながら作業を進められるのが嬉しいのだ。

23 ソールの周囲にある巻き上げ部分に追加で接着剤を乗せていく。極端なはみ出しはNGではあるのだが、事前にしっかりとマスキングテープを貼っておけば、少々のはみ出しは問題ない。巻き上げ部分に接着剤の塗り残しがあると、仕上がり時の強度に影響するので注意しなければならない。

24 つま先の巻き上げ部分にもしっかりと接着剤を塗っていこう。セメダインスーパーXは硬化しても柔軟性があるので、多少はみ出しても大抵の場合はマスキングテープを外す際に一緒に剥がれてくれる。それでも残ったはみ出し部分はカッターやデザインナイフで削除可能だ。

HOW TO KICKS REPAIR

REPAIR SKILL 7

アッパーとソールの再接着
貼り合わせ直後であれば位置の修正も可能

アッパーとソールに接着剤を塗り終えたら貼り合わせ工程に進もう。ここで使用したセメダインスーパーXは5分から10分程放置してから貼り合わせる接着剤で、約1時間から2時間でパーツが固定され、24時間以上経過すると実用に適した強度に硬化する。他の事例で紹介したスニーカー専用接着剤とは異なり、貼り合わせ直後であれば少々の位置修正が可能なので余裕をもって作業を進めたい。

25 片足のアッパーとソールにセメダインスーパーXを塗り終えたら、5分から10分程放置。スニーカー専用接着剤のように、扇風機などで風を当てる必要は無いので注意のこと。何らかの理由で放置し過ぎた場合は接着力が低下してしまうため、再び両面に接着剤を塗りなおさなくてはならない。

26 今回はヒール部分で位置合わせを行い、貼り合わせを進めていく。エアマックス95の場合も貼り合わせを開始する場所の正解は無いが、位置合わせのやりやすさを考慮すると、必然的にソールの前端、もしくは後端から貼り合わせを開始することになるだろう。

27 位置のずれに注意しながら、前方に向かってアッパーとソールを貼り合わせていく。貼り合わせた瞬間に固定される接着剤ではないので、力に強弱を付けながら、あるべき場所にソールを誘導するイメージで作業を進めよう。事前に貼ったマスキングテープも良い目印として活躍してくれるはずだ。

28 大まかに貼り合わせが完了したらインソール側から体重をかけて圧着する。接着剤の量が多すぎた部分はこの工程ではみ出してしまうが、そのためのマスキングテープ処理であり、気にする必要は無い。はみ出しがソール側に垂れたとしても、乾燥後にカッターなどで簡単に取り除けるので安心だ。

CASE STUDY #05
SOLE SWAP/ソールスワップ② >> AIR MAX 95

REPAIR SKILL 8

アッパーとソールの固定と乾燥
家庭にある器具を活用してソールを圧着する

貼り合わせた直後にパーツが固定されるスニーカー専用接着剤とは異なり、セメダインスーパーXを使ったソールスワップでは、パーツが固定されるまでに約1時間から2時間を必要とする。アッパーとソールをしっかりと接着するには、最低でも2時間、可能であれば実用強度に達する24時間において接着面に圧をかけ、巻き上げ部分をマスキングテープなどで固定する工程が必要だ。

29
アッパーとソールの再接着で最も剥がれやすいのは、つま先の巻き上げ部分だ。アウトソール素材に弾力があり、パーツが固定される前に反発力で剥がれてしまうリスクがある。つま先部分にはマスキングテープを貼り重ね、ソールが剥がれないようにしっかりと固定しよう。

30
パーツが固定される前に接着面の境界を確認する。はみ出した接着剤があまりにも多い場合はヘラなどで取り除き、塗り残しによる隙間が見つかったら、マイナスドライバーの先に少量の接着剤を付け、隙間に差し込んで埋めてしまおう。

31
接着面の確認と調整が完了したら、改めて体重をかけて圧着する。この際にプロショップで使われている金台と呼ばれる器具があれば効果的に圧着できるのだが、金台はシューズのリペア以外に使い道が無いのが難点。今後のリペア計画を考慮して購入する必要性を検討しよう。

32
パーツが固定される2時間ものあいだ、スニーカーを押さえ続けるのは非現実的。マスキングテープやシューレース（靴紐）で縛るなど、パーツを押さえる方法を考えよう。今回の取材では、つま先部分の接着精度をあげるため、ダンベルを組み合わせて圧着していた。

HOW TO KICKS REPAIR

REPAIR SKILL 9 *Complete*

リペア完了
丁寧な作業こそがソールスワップ成功の秘訣

SNSでソールスワップ情報が共有されスニーカー専用接着剤の知名度が向上すると、時折スニーカー専用接着剤さえ手に入ればソールスワップができるとでも言いたげなリアクションを目にする事がある。確かに新品のスポーツシューズと同等の接着力を求めるならば、専用接着剤は欠かせない。ただ、街履きのスニーカーであれば、専用接着剤が無くてもソールスワップを行える。大切なのは丁寧な下処理と余裕のある作業進行だ。ここで紹介したエアマックス95"オレンジグラデ"は着用時の強度も問題ないレベルに仕上がっており、接着剤選びだけがソールスワップ成功の秘訣ではない事実を証明している。

KICKS DATA
NIKE AIR MAX 95 SC
"ORANGEG RADATION"
(1997)
604069-081
×
NIKE AIR MAX 95
"ORANGEG RADATION"
(2009)
609048-184

CUSTOMIZE BUILDER INFORMATION

TAKESHI TSUBOYA
Instagram：@takecha6262

#SOLE SWAP 2

CASE STUDY #05
SOLE SWAP/ソールスワップ②
≫ AIR MAX 95

CASE STUDY #05

D.I.Y/ソールスワップ③ » AIR FOECE 1

AF1の見た目はそのままに履き心地をリペア
ソールスワップ技術の応用テクニック

ナイキの定番スニーカーのひとつエアフォースワン（以下AF1）は、
見た目に変わりは無いにも関わらず、生産からある程度の時間が経つと履き心地が悪くなるケースがある。
その原因の大半はミッドソールとエアユニットの劣化だ。そして見た目はそのままに、
履き心地が悪くなったAF1のクッショニングを回復させるのが、ソールスワップの技術を応用した
クッショニング材の代替品への交換である。ここでは比較的入手しやすいクッション材であり、
加水分解にも強いEVAを使用して、軽量化にも働きかけるリペア術を紹介していこう。

取材協力：TAKUMI KIDOKORO（スニーカーアトランダム本八幡）
ソールスワップの詳細は P.086 から »

主な取得スキル

- ■ソールユニットのクリーニング..................P.099
- ■EVAシートの切り出しと成形..................P.076
- ■ソールユニットの再接着..................P.105
- ■ステッチャーを使ったソールの縫い付け..........P.106

CASE STUDY #05
D.I.Y/ソールスワップ③ >> AIR FORCE 1

Start
REPAIR SKILL 1

ソールユニットのクリーニング
劣化したエアユニットの取り外し

今回リペアするのは2002年に製造された、ホワイトにネイビーのスウッシュが入るシンプルな1足。1度も着用した事のないデッドストック品だったが、いざ足を入れてみると他のAF1とは異なる薄っぺらな履き心地になっていた。

その原因は外から見えない"ミッドソールの劣化"である。ソールユニットの外し方は基本的にダンクと同じなので、P.068のレポートを参考にしよう。

Repair Start

01
AF1のソールユニットは、カップ状のアウトソールの中に、大型のエアユニットとウレタン製のクッショニング材を貼り合わせた構造になっていた。このエアユニットが劣化して"エア抜け"を引き起こしたのに加え、ウレタン自体も劣化して履き心地を損ねていたのである。

02
アウトソールから取り出したクッショニング材はかろうじて原型を留めていたものの、経年劣化で硬化が進み、軽く指でつまむだけで崩れる状態だった。再利用できるパーツが無いことを確認し、アウトソールに残ったミッドソール素材や古い接着剤跡を削り取っていく。

03
アウトソールの底面だけでなく、サイドのせり上がった部分も丹念にクリーニングする。取材したプロショップでは専用のマシンを使っているが、個人のリペアではサンドペーパーやメラミンスポンジを使い、頑固な接着剤跡はアセトンなどの溶剤を使って落としていこう。

04
アウトソールのクリーニングが完了した状態。ほぼボックスにしまったままのデッドストック品のため、接着剤が付着していた部分がわずかに黄ばんでいる以外は新品パーツのようなコンディションだ。このコンディションの良さを活かし、代替品のクッショニング材を使ってソールを復活させる。

CASE STUDY #05
D.I.Y/ソールスワップ③ >> AIR FORCE 1

REPAIR SKILL 2

アッパー接着面のクリーニング
見た目はキレイでも劣化した接着剤は完全に取り除く

1度も着用せず、紫外線による変色もほとんど無いAF1は製造から17年を経ても美しいままだ。しかし、いくら外見のコンディションが良くてもアッパーとソールを貼り合わせていた接着剤は確実に劣化している。見るからに年代を感じるユーズドスニーカーと等しく、良コンディションのデッドストックスニーカーでもソールをリペアする際には、古い接着剤跡をしっかりと処理しなければならない。

05 アッパーの接着面にこびり付く古い接着剤跡や、取り損ねたウレタンの破片を取り除く。アウトソールの下処理と同様に、サイド部分の接着跡を丁寧にクリーニングするのも忘れてはならない。AF1はソールを縫い合わせて仕上げるため、仕上がり時の接着強度が低いと隙間ができてしまうのだ。

06 アッパー側の接着面をクリーニングした状態。プロショップでは専用のマシンで手早く処理しているが、個人で接着面をクリーニングする場合、軽くサンドペーパーで処理した後、少量のアセトンを布に含ませて拭きあげると作業を進めやすい。

07 アッパーとソールの下処理が完了したら、朽ちた素材の代わりにアウトソールに組み込むミッドソールの代替品を製作。今回はEVAのシートから二層のミッドソールパーツを切り出していく。スニーカーのクッショニング材としてもお馴染みのEVAは、大きめの100均ショップでもシート状に成形した商品が販売されている。

08 アウトソールを使って大体の型取りを行ったら、型取りしたラインから微妙に小さくなるようにハサミやカッターで切り出していく。プロショップではさらにベルトグラインダーを使って微調整を実施。同じクオリティを目指すなら、手間は掛かるが断面をサンドペーパーで処理すると良いだろう。

>>

HOW TO KICKS REPAIR

REPAIR SKILL 8

クッショニング材の形状調整
歩きやすさに働きかける自然な傾斜を作り出す

AF1に限らず、多くのスニーカーでは内蔵されるミッドソール素材はヒール部分で高く、つま先部分に向かって低くなるように設計されている。この傾斜が自然な体重移動の助けとなり、歩きやすさに働きかけるのだ。クッショニング材の交換を行う際も、この傾斜を再現する事が必須となる。ここからは自然な傾斜を生み出すクッショニング材の調整術をレポートする。

09
切り出したEVAシートをアウトソールにはめ込んで形状を確認する。無理にはめ込むとシートが歪んでしまうので、サイズが合わない箇所はしっかりと修正する。この段階ではヒール部分のみだが、これには理由がある。EVAシートをヒール部分だけ2枚重ねにして、ミッドソールに傾斜を作るためだ。

10
ヒール部分のEVAを入れたままアッパーを合わせ、沈み込みの深さを確認する。ヒール側とつま先側をそれぞれ押し込み、同じ深さに沈み込めば成功。この沈み込みの深さを参考に、P.102で制作する二層目用EVAシートを決定するのだ。

11
ヒール部分にはめ込むEVAパーツの形状が決まったら、それを型取りして反対側のEVAパーツを切り出してしまおう。右足用を複製しても意味がないという心配は無用。出来上がったパーツを裏返せば、あっという間に左足用の完成だ。

12
最後にヒールから土踏まず側に向かって下り坂になるよう、サンドペーパーなどで傾斜を付けていく。左右の傾斜が違うと履き心地が悪くなるので、両足のバランスを取りながら少しずつ削るように心がけたい。最終的に画像のようなクサビ状になれば大成功である。

CASE STUDY #05
SOLE SWAP/ソールスワップ③
≫ AIR FORCE 1

#SOLESWAP 3

CASE STUDY #05
D.I.Y/ソールスワップ③ >> AIR FORCE 1

2層目用EVAパーツの切り出し
EVAシートは加水分解にも強いスニーカーリペアのアイテムだ

REPAIR SKILL 4

100均ショップで販売されるEVAシートには、意外なほど厚さのバリエーションが揃っている。これを組み合わせれば、大抵の厚さのミッドソールが再現可能だ。さらに言えばクラフトショップやホームセンターに行けば厚さだけでなく、硬さが異なるEVAシートが販売されている。EVAはポリウレタンと比べて加水分解しにくい性質があるため、スニーカーリペア用に活用すべき素材なのだ。

13 ソールの厚さに適合するEVAシートを選び、アウトソールを使って型取りする。EVAシートはエアユニットよりも軽いため、完成するとクッショニングの復活だけでなく重量も軽くなる。スポーツシューズとしての性能はスポイルされるかもしれないが、街履きスニーカーとしての履き心地は向上する。

14 EVAシートに型取りした線を参考に、ハサミやカッターで大まかに切り出していく。この工程では最初からライン通りに切り出すよりも、少し大きめに切り抜き、再度ハサミで成形すると仕上がりが良くなる。二度手間にはなってしまうが、かける価値のある手間なのだ。

15 プロショップではEVAシートを大まかに切り出した後、シューズ用のベルトグラインダーで成形する。このマシンを使えばインソールに求められる微妙な曲線も美しく仕上げることが可能。スニーカーリペアに興味がある人にとっては夢の万能マシンなのだ。

16 2層目用のEVAパーツが完成したら、ヒール部分用のパーツに蓋をする要領でアウトソールにはめ込み、厚さと形状を確認。さらにアッパーを組み合わせて問題なければ、作成したパーツで型取りし、もう片足用のパーツを作っておこう。

HOW TO KICKS REPAIR

REPAIR SKILL 5

各パーツのプライマー処理
パーツの素材に応じたプライマーを塗っていく

アッパーとアウトソールのクリーニングに加え、EVAシートで作成したミッドソールの準備が整ったら各パーツにプライマーを塗っていく。プライマーは接着剤とパーツの食いつき効果を高めるが、素材によって適したプライマーが異なるので事前に確認しておくのが肝心。特に強度が必要な個所は二度塗りが効果的だ。プライマーを必要としない接着剤を使う場合はP.104に進もう。

17 アッパーの接着面にレザーに対応するプライマーを塗っていく。AF1の場合はソールを接着した後にステッチを施して強度を高めるが、アッパーとソールの接着が不十分だと履きジワの影響で隙間が出来やすくなるため、接着に向けた下処理も手を抜いてはならない。

18 アッパーにプライマーを塗り終えたら20分以上は乾燥させよう。乾燥させる場所は風通しが良い場所が適している。塗布したプライマーの乾燥を確認したら、強度が必要となるサイド部分を中心にプライマーを二度塗りすると接着強度が向上するのでお勧めだ。

19 アッパーを乾燥させている間に、アウトソールとEVAパーツにもプライマーを塗っていく。言うまでも無く、EVAパーツはヒール用と全体用に関わらず両面にプライマーを塗るのが前提で、アッパーとアウトソールを含めると、トータルで6面にプライマー処理を施すことになる。

20 各パーツにプライマーを塗り終えたら20分ほど乾燥させる。ソール側のパーツではアウトソールのサイド部分に二度塗りを施すと安心だが、EVAパーツはソールを合わせてしまえば剥がれる心配は無く、着用した際に圧着され続ける箇所でもあるので二度塗りの必要は無いだろう。

CASE STUDY #05
SOLE SWAP/ソールスワップ③
>> AIR FORCE 1

#SOLESWAP 3

103

CASE STUDY #05
D.I.Y/ソールスワップ③ >> AIR FORCE 1

ソールユニット再構築手順の確認
経年劣化で破損したミッドソールをEVAで代替する

REPAIR SKILL 6

改めてミッドソールをEVAで再構築する手順を確認しよう。リペアの目的は経年劣化で破損したミッドソールを、EVAパーツから切り出した代替品へ交換する事にある。そしてポイントとなるのがAF1のミッドソールに求められる、ヒールからつま先方向に向かって緩やかに薄くなるディテールの再現だ。今回は形状の異なるEVAを重ねることで厚さを調整し、自然な傾斜を再現していく。

21 接着工程の準備が整った各パーツ。左からアウトソール、ヒールに合わせて装着するEVAパーツ、ミッドソール全体に敷き詰めるEVAパーツ、そしてアッパーだ。ヒール用と全体用のEVAパーツは厚さが違うものの、色が異なっている点は特に意味がない。

22 ここからはパーツの組み合わせ手順を紹介する。最初に装着するのはヒール側に合わせて成形したEVAパーツだ。今回は厚さが5ミリのEVAシートから切り出している。アウトソールの形状を確認し、土踏まずよりも少々前方の位置までの長さで成形し、全体にゆるい傾斜を付けている。

23 傾斜を付けたパーツの上に、全体をカバーするEVAを乗せていく。使用したEVAシートの厚さは10ミリだ。今回は5ミリと10ミリのEVAシートを組み合わせているが、AF1はモデルによってソールの厚さが異なるため個別に調整する必要がある。リペアに挑戦する際には、異なる厚さのEVAを複数用意すると安心だ。

24 アウトソールにEVAパーツを組み込んだ状態。この状態でアッパーと組み合わせ、元々の接着位置に合っていれば合格だ。誤差レベルであれば問題ないが、あまりにも上下にずれてしまった場合は無理に貼り合わせるよりも、全体をカバーするEVAを作り直して調整する方が作業としては楽になる。

HOW TO KICKS REPAIR

REPAIR SKILL 7

アッパーとソールの再接着
オリジナルの外観はそのままに内部構造をリフレッシュ

各パーツのサイズ確認とプライマー処理が完了したら、接着工程に進んでいく。オリジナルの外観はそのままに、クッショニングがリフレッシュされたAF1の完成まであと一歩だ。AF1は"オパンケ"と呼ばれる製法を採用するスニーカーであり、ソールのサイド面でアッパーに縫い合わせる工程が控えているが、着用時に求められる基本的な強度は接着工程で確保するのが肝心だ。

25
P.104で紹介した作業手順を参考にスニーカー専用接着剤を塗り、しっかりと乾燥させる。最初はアウトソールとヒール側EVAパーツ、全体用EVAパーツを接着するが、全体用EVAパーツのアッパーに接する面に接着剤を塗ってしまうとソールパーツの圧着工程（次の工程）が困難になるので注意。

26
アウトソールに接着したEVAパーツを圧着する。この工程が完了したら、EVAパーツのアッパーに接着する面とアウトソールのサイド部分、アッパーの接着面に専用接着剤を塗り、改めて乾燥する。もちろん各接着部位のプライマー処理が終了している前提なのでお間違え無く。

27
今回はヒール部で位置を合わせ、アッパーとソールの貼り合わせを開始した。このAF1の場合はアッパー側に元の接着跡がはっきりと確認できたため、それに沿って貼り進めている。アッパーのカラーなどの影響で接着跡を確認するのが難しければ、境界線にマスキングテープを貼ると良いだろう。

28
アッパーとソールを再接着したAF1を圧着する。画像はハンマーを使ってサイド部分の接着面を圧着している様子だ。このハンマーは"製甲ハンマー"やポンポンと呼ばれ、打ち付ける面の反対側がレザーシューズの縫製技術のひとつである"縫い割り"に適したディテールになった職人仕様のハンマーだ。

#SOLESWAP 3

CASE STUDY #05
SOLE SWAP｜ソールスワップ③
>> AIR FORCE 1

CASE STUDY #05
D.I.Y/ソールスワップ③ >> AIR FORCE 1

REPAIR SKILL 8

ソールユニットの縫い合わせ
オパンケ製法独特のステッチを施していく

AF1やダンク、エアジョーダン1など、1980年代前後に発売されたバッシュには、ソールのサイドにステッチを施したモデルが少なくない。これは"オパンケ"と呼ばれる製法のディテールで、ソールをアッパーに被せるように縫い付ける際に施される。ここからはAF1に欠かせない、オパンケ製法特有のステッチを施していく。オパンケ製法の詳細はP.142を確認のこと→

29

スニーカーのソールにステッチ糸を施すには、ステッチ糸と"ステッチャー"と呼ばれる器具を使用する。ステッチャーを使った縫い方の理屈はミシンに準じるため"手縫いミシン器"と呼ばれる事もある。ステッチャーやステッチ糸の詳細はP.067でも紹介している→

30

ステッチャーに糸を通したら縫い付けの開始だ。ソールに空いた穴に合わせて針を刺し、レザーを突き抜けさせ、反対側に通してしまう。この際レザー側の穴に針が通ると楽なのだが、パーツを交換したリペアでは穴の位置がずれる事が多く、元の穴は気にせず、新たに穴を空けるつもりで針を差し込もう。

31

突き出した針を手繰ってインナー側に糸を垂らす。この糸を使って縫い進めるので、長めに垂らすようにしよう。糸を垂らしたら針を抜き、隣の穴に差し込んでいく。針が通ったらステッチャーを少し引くとループができるので、そこに垂らした糸を通し、糸の両端を引いて縫い上げる。後はこの作業の繰り返しだ。

32

文字だけでは伝えにくいが、ミシン縫いの原理を理解している人であれば問題なく対応できるだろう。ソールを一周縫い終えたら、両端の糸を結び合わせれば完成である。慣れないうちは途中で糸が切れるなどのトラブルに見舞われるかもしれないが、根気よく対応し、地道に乗り越えるしか解決法は無い。

HOW TO KICKS REPAIR

REPAIR SKILL 9 — Complete

リペア完了
丁寧な作業こそがソールスワップ成功の秘訣

ソールスワップの技術を応用してミッドソール素材を交換し、見た目はそのままに、快適な履き心地の復活に成功した。さらに素材の交換で軽量化も達成しており、US10.5（28.5センチ）の場合、素材交換前の片足重量が約520グラムだったのに対し、交換後は約480グラムになっていた。使用するEVAシートや接着剤の種類で異なるだろうが、リペアでは約40グラムの軽量化に成功している。数字にすると僅かだが、手に持った瞬間に"軽くなった"と実感するレベルである。さらにミッドソールをEVA素材に交換した事により、加水分解のリスクも低くなったのもメリットと言えるだろう。

KICKS DATA
NIKE AIR FORCE 1 B
(2002)
624040-141

AF1には欠かせないオパンケ製法特有のステッチもしっかりと再現されている。ソール周りの美しい仕上がりは、アッパーとソールがしっかりと接着されている事が大前提だ。

スニーカーアトランダム本八幡ではAF1に限らず、ミッドソール素材交換リペアのオーダーも可能。ショップインフォメーションはP.086に掲載しているので、そちらを参考のこと。

CASE STUDY #05
SOLE SWAP/ソールスワップ④ » AIR JORDAN 1

気軽に履けるAJ1をソールスワップで復活させる
削れたAJ1のソールを新品パーツに交換

現在のスニーカーブームを牽引するエアジョーダン1（以下AJ1）であっても、
経年劣化や着用よるダメージは他のスニーカーと同様に表れてくる。
今回リペアするAJ1も繰り返し履いた影響でソールがかなり削れてしまっている。特にヒール部分の摩耗が酷く、
アウトソールは完全に削れてしまいミッドソールが露出。そこから汚れが染み込んだ様子も伺える。
このAJ1を再びストリートで楽しむには、ソールユニットを丸ごと交換するソールスワップが最良の選択だ。

取材協力：DAICHI TAKEMOTO（リペア工房アモール）

主な取得スキル	
■破損したソールユニットの剥離	P.110
■交換用ソールの取り外し	P.112
■交換用ソールの接着	P.119
■ソールのステッチ処理	P.122

CASE STUDY #05
SOLE SWAP/ソールスワップ④ >> AIR JORDAN 1

Start / REPAIR SKILL 1

ソールスワップに適したモデル選び
数ある復刻モデルの中から同じデザインのソールを探す

今回リペアするAJ1は2009年発売の"BRED"と呼ばれる復刻モデルだ。シュータンのラベルやヒールのデザインがオリジナルとは異なるため、復刻モデルのAJ1としては人気が低いが、その分プレミア価格を気にせず履けるため、気が付いた時にはソールの摩耗が進んでいたのだ。そしてソール取り用に選んだのは2019年に発売されたローカットモデル。ホワイトとレッドの配色が"BRED"と同じなのがセレクトの決め手だ。

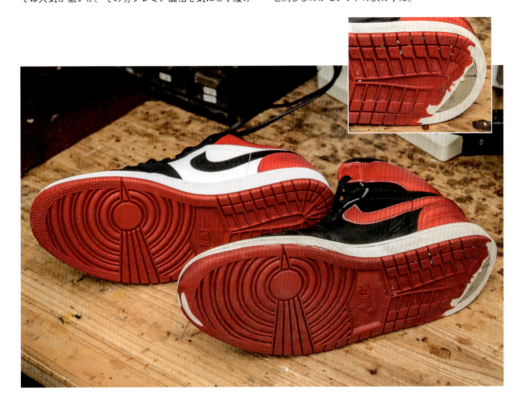

グリーンのポイントカラーを使ったAJ1と2足セットで発売された"DMP"とも呼ばれる1足。このカラーを採用したAJ1の中では比較的人気が低いが、それでも新品状態であれば5万円前後のプレミア価格で取り引きされている。

ソールを流用するローカットモデルは、2019年に発売されたばかりの1足。ハイカットとローカットの違いがあってもソール形状は同一だ。新品スニーカーのソールを剥がすのは勿体ないが、ソールスワップ成功のために涙を飲んで決断した。

CASE STUDY #05
SOLE SWAP/ソールスワップ④ >> AIR JORDAN 1

傷んだソールユニットの剥離

REPAIR SKILL 2

オパンケ製法ならではのステッチ糸を外していく

ソールを接着した後にサイド部分を縫い付ける"オパンケ"製法で作られたAJ1のソールを外すため、先ずはステッチ糸を外していく。現在ではスポーツメーカーが使用する接着剤も進化してソールをアッパーに縫い付ける必要は無くなっているのだが、1980年前後にデザインされたバッシュを象徴するディテールとして、今もなお多くの復刻モデルに採用されている。

Repair Start

01

作業を進めやすくするためシューレースやインソールを外しておく。モデルによってはインソールが剥がれにくい場合があるが、再接着する際にインソールが入ったままだと非常に縫いにくくなるため、少々無理やりになっても外してしまおう。

02

インソールの下にはソールを縫い付けた糸が隠れていた。この段階で糸を留めていたテープやステッチ糸の結び目を外しておきたいが、ステッチ糸の結び目をハサミなどで切る際には、底面を縫い付けている糸を誤って切らないように注意したい。

03

アッパーのサイドパネルとソールの境界線からマイナスドライバーを差し込み、接着剤の状態を確認する。発売から10年程度しか経過していない復刻モデルなのが、ソールの接着剤はそれなりに劣化しているようで、簡単にマイナスドライバーを差し込むことができた。

04

簡単に隙間が作れる事を確認したら、ハサミを差し込んでステッチ糸を大胆に切り離していく。アッパーとソールの境界線に隙間を作りにくい場合は、クラフトショップなどで手に入る"リッパー"と呼ばれる器具を使い、ソール側に露出しているステッチ糸を切り離すと良いだろう。

HOW TO KICKS REPAIR

REPAIR SKILL 8

傷んだソールユニットの剥離
接着剤が劣化していればソール剥がしは簡単

AJ1を象徴する"オパンケ"製法は、ナイキ以外の名作スニーカーにも採用されている。例えばアディダスのスーパースター、コンバースのウエポン、そしてプーマであればスウェードに"オパンケ"製法が採用されている。その多くはバスケやテニス用にデザインされた"コートシューズ"と呼ばれるスニーカーであり、激しい動きを想定してステッチを入れて補強しているのだ。

05

"オパンケ"製法に使われている糸は強度があり、切り残しがあるとソールが外れなくなる場合があるので丁寧に処理を進めていこう。ぐるりと糸を切り離したら、もう片足も同じようにハサミを使って処理すれば、あとはソールを剥がすだけだ。

06

ステッチ糸を切り終えたソールを確認していると思った以上に隙間があり、アセトンやシンナーなどの溶剤を使わなくても剥がす事ができそうだ。試しに力を込めて引きはがしてみると、シューズのつま先部分からメリメリと剥がれ出した。

07

傷んだソールユニットを外し終えた状態。外から見たコンディション以上に接着剤の劣化が進んでいたようだ。この状態を踏まえると、ステッチ糸のお陰でこれまでソールが剥がれなかった可能性が高く、例え復刻モデルでも、年代によっては"オパンケ"製法のメリットはそれなりにあるようだ。

08

アウトソールからミッドソールを剥がすと、ポリウレタンに内蔵されたエアユニットが確認できる。AJ1はヒール部分のみにエアユニットが装備されているのが特徴だ。指で押すと弾力が残っているが、周囲のポリウレタンには劣化の兆候が表れており、パーツを再利用するのは難しいだろう。

CASE STUDY #05
SOLE SWAP/ソールスワップ④ >> AIR JORDAN 1

REPAIR SKILL 4 新品の交換用ソールを剥離
涙を飲んで一度も履いていないソールを剥がしていく

ソールスワップに使う交換用ソールにはなるべくコストを掛けたくないのが本音だ。ただ、ショップのセールやアウトレットに加え、ネットオークションやフリマアプリをチェックしても、安くてデザインがマッチするソールを使ったスニーカーは簡単に見つからない。今回ソールを剥がすローカットのAJ1も定価で購入した1足である。勿体ないという気持ちを抑え込み、新品のソールを剥がしていく。

09 ソールスワップに流用するソールユニットの剥がし方も基本的には変わらないが、接着剤が劣化していないため、強力な接着力との闘いになりがちだ。しかも今回は2019年に発売されたばかりの新作である。一抹の不安を抱えながらアッパーからシューレースを外していく。

10 インソールを外してステッチ糸を止めるテープや結び目を外す。ここで外したインソールはソールスワップ完了後に再び使用する予定だ。年代によってサイズが異なるソールユニットとは異なり、サイズ表記が同一のスニーカーから外したインソールは、そのまま流用できる確率が高いのだ。

11 ソール剥がしの切っ掛けとなる隙間を空けるため、アッパーとソールの境界線にマイナスドライバーを差し込もうとするが、生産されたばかりの新品スニーカーの接着力は頑強の一言で、ドライバーの先が入る気配は全く見られない。

12 そのままドライバーを差し込むのは不可能と判断し、接着剤を柔らかくするためヒートガンを使ってソールに熱を加えていく。なかなか接着剤が柔らかくなる様子を確認できないが、少しでも隙間ができればシンナーやアセトンを流し込む事ができるので、根気よく作業を続けるしかない。

HOW TO KICKS REPAIR

REPAIR SKILL 5

ソールに施されたステッチ糸の切断
プロでも難航を極める新品スニーカーのソール剥がし

プロショップの職人も"新しすぎるスニーカーのソールは剥がしにくい"と指摘していたのだが、まさに指摘通りの展開に陥りつつある。新しいスニーカーは接着力が低下していないだけでなく、接着剤自体がより高い接着力と耐久性を発揮するよう改良されているのだ。これは個人のソールスワップでも同様で、新しいスニーカーのソールを剥がす際は、相応の苦労を覚悟しなければならないのだ。

13
30分ほど熱を加え続けた結果、ようやく2センチ程度の隙間を作る事ができた。大変な労力を伴いつつも、ソールユニットを剥がす光明が見えた瞬間である。引き続き過熱してソールを剥がすか、隙間に溶剤を注入するかの判断は一旦後回しにして、先にソールのステッチ糸を外す事にした。

14
目打ち(千枚通し)の先にステッチ糸を掛け、引き抜くように解いていく。無理に糸を引き抜こうとすると途中で切れることもあるので、力加減は程々に。ステッチ糸が抜きにくい場合には、クラフトショップで購入可能な"リッパー"を使ってステッチ糸を切断しよう。

15
ある程度ステッチ糸を切断していくと、縫い付けの強度が低下して糸を引き抜けるようになる。抜いた糸を再利用する訳では無いのだが、全部の箇所で切断するよりも引き抜くと千切れた糸の除去作業を省くことができる。縫い付け強度が低下した手ごたえを感じたら引き抜いてしまおう。

16
ステッチ糸を完全に外した状態。2009年に製造されたAJ1がステッチ糸を外すだけでソールを剥がせたのとは対照的に、2019年版では全く接着強度が低下した様子が見られず、ソールが剥がれる気配は微塵もない。恐らくこのままでも一般的なスニーカーと同等に使用できるはずだ。

#SOLE SWAP 4

CASE STUDY #05
SOLE SWAP / ソールスワップ④
>> AIR JORDAN 1

CASE STUDY #05
SOLE SWAP/ソールスワップ④ >> AIR JORDAN 1

ソール接着面の熱処理

REPAIR SKILL 6

アッパーの素材に配慮しながら加熱と剥離作業を繰り返す

リペアを依頼した職人がソールを剥がす工程を改めて検討した結果、溶剤を使わず接着面を加熱して剥がすアプローチを継続する事になった。新品状態のスニーカーのため、外したアッパーを再利用する可能性を考慮した結果である。溶剤を使えばソールが剥がしやすくなる反面、アッパー素材が痛むリスクが生じる。リペアのプロだからこそ、先ずは素材への配慮を優先するのだ。

17
電気ストーブにソールを向けるようにスニーカーを並べ、アウトソール全体を熱していく。言うまでも無く、加熱しすぎてソールが変形しないように配慮しなければならない。全体的に加熱した後にアッパーとソールの境界線に作った隙間を広げようと試みたが、思うように作業は進まなかった。

18
再びソールの接着面をヒートガンで加熱していく。家庭用のドライヤーでは温度が低く労力に見合った効果を得にくいので、ヒートガンの代用品には適していないのでご注意のこと。新たにヒートガンを購入する際には、狭い範囲に熱風を当てる事が可能なノズルが付属するタイプを選びたい。

19
接着部が充分に加熱できたら再びマイナスドライバーを差し込んでいく。作業を進めやすい程に接着剤が柔らかくなったとは言えないが、取りあえずは隙間を広げる事ができそうだ。ヒートガンとドライバーを持ち替えながら、徐々にソールを剥がしていく。

20
ある程度作業を進めたところで剥がした面を確認すると、レザーの表面が剥がれている状態だった。これはドライバーによる損傷では無く、接着剤がレザーに強く食い付いているため、ソールを剥がす際、接着剤に引っ張られるようにレザーの表面が剥がれてしまっているのだ。

HOW TO KICKS REPAIR

REPAIR SKILL 7

溶剤を使ったソールユニットの剥離
隙間のコンディションを確認して作業方針を変更

溶剤を使わず接着面の剥離を進めていたが、あまりの接着強度の影響で、レザーの表面も一緒に剥がれてしまう状況を確認した。このまま進めてもアッパー素材を傷めてしまうため、溶剤を使わない理由が無くなってしまったのだ。これを踏まえ、加熱によるソール剥がしから現状の隙間に溶剤を注入してソールを剥がす作業へと方針を変更。ソール剥がしを加速させていく。

21
ここまでの工程で僅かに空いた隙間にシンナーを流し込む。シンナーには様々な成分や濃度があるが、取材したプロショップでは一般向けには市販されていない濃度のシンナーを使用している。個人で同様の作業を行う際は、スポイトなどに吸い上げたアセトンを使うと良いだろう。

22
シンナーを使って接着剤を溶かし、ようやくつま先部分を剥がす事に成功した。溶剤を使えば簡単にソールが剥がれるのは事実だが、ソールやアッパーの状態によって工程を見極める必要がある。特に劣化の兆候が見える合成皮革やパテントレザー（エナメル）は溶剤に弱いので注意する必要がある。

23
2019年製造のAJ1からソールユニットを剥がし終えた状態。サイド部分にこびり付いたレザー素材が痛々しい。ここまでの所要時間は片足だけで2時間を要している。もう片足の作業を考えると心が折れそうになるが、ここまでの経験を反映できるため、多少は作業時間を短縮できる。

24
先に剥がした2009年版のソールユニットと比較。基本的なデザインは10年経っても変わっていない。但しAJ1の復刻モデルは1994年から存在し、製造年が離れる程、形状やサイズ感が異なるリスクが高くなる。AJ1のソールスワップに挑戦する際には事前の情報収集も欠かせない。

#SOLE SWAP 4

CASE STUDY #05
SOLE SWAP/ソールスワップ④
≫ AIR JORDAN 1

CASE STUDY #05
SOLE SWAP/ソールスワップ④ >> AIR JORDAN 1

接着面の採寸とソール合わせ
接着前に調べておきたいソールの深さ

REPAIR SKILL 8

今回ソールスワップを行うAJ1は、それぞれ2009年と2019年に生産されている。サイズ表記は共にUS10.5（28.5センチ）で、事前の採寸ではソールユニットの長さと幅は同じだった。だが、ソールの深さも完成時の仕上がりに大きく左右する。AJ1はソールを剥がさないと深さが確認できないため、このタイミングでソールの深さを採寸するのだ。

25 ソールの深さを測定する際にはソールユニットの巻き上げ部分を測っても良いが、アッパーに残る接着跡の高さをノギスなどで測定すると精度が高くなる。このノギスは特に大きさは必要としないため、ホームセンターなどで1000円前後で販売されているミニノギスがあれば充分だ。

26 つま先部分と同様にヒール周りの深さも測定する。ダンクとズームダンクのように、外見が似ていても内蔵されているエアユニットの厚さが異なるモデルも少なくない。つま先は同じでもヒール部の深さが異なるケースも珍しくないため、必ずシューズの前後で測定するようにしたい。

27 続いて2019年版のアッパーも測定しよう。こちらの接着跡の方が高ければソールが深い事になるため、ミッドソールを薄いEVAシートでかさ上げする必要性を検討しよう。逆に低い場合はソールが浅いので、再接着時に古い接着跡が露出して見栄えが悪くなってしまう。

28 アッパーとソール合わせ、サイズが適合している事を確認した。この時に大きくサイズが異なっている場合は、無理に接着しても仕上がりが著しく悪くなってしまう事が予想される。剥がしたソールには別の機会に活用すると割り切って、適切なサイズのソールを探すのが賢明だ。

HOW TO KICKS REPAIR

REPAIR SKILL 9

ソールユニットのクリーニング
サイド部分を中心にこびり付いた接着跡を処理

アッパーとソールのサイズ合わせに問題が無ければ接着の下準備に取り掛かろう。ソールに残る接着剤跡を取り除く作業は、あらゆるソールソワップの基本作業だ。特に今回のケースでは、サイドの巻き上げ部分を中心に古い接着剤や剥がれたレザーが頑固にこびり付いている。これを丁寧に剥がし、新品に近い状態までクリーニングしなければ再接着時の強度が確保できないのだ。

29 ソールに残る付着物を確認する。平面の部分の付着物は比較的少ないようだが、サイドの巻き上げ部分には、接着剤とレザーが層になってこびり付いている。少々こすった程度では落ちる気配はなく、改めて新品スニーカーの高い接着強度を認識した。

30 頑固に固まった接着剤跡を処理するため、特に付着物が多い箇所をシンナーを含ませた布でクリーニングする。個人でソールスワップする場合でも、無理にサンドペーパーで処理するよりも、素直にアセトンを使って作業した方が良さそうだ。

31 シンナーと布で落としきれなかった接着剤跡をシューマシンのグラインダーで削り取っていく。クリーニングしにくいパーツの折り目も、指で押し広げるようにして丁寧に処理している。シューマシンを用意するのが難しい個人のリペアでは、綿棒などにアセトンを含ませ、こすり取るように処理しよう。

32 ソールユニットクリーニングのBefore（上）＆After（下）。この状態まで付着物を処理できれば、アッパーとソールを再接着した際にも充分な接着強度を確保できるだろう。もちろんサイドの巻き上げ部分だけでなく、平面部分の処理も手を抜かずに対応しなくてはならない。

アッパー側の接着剤跡除去
ステッチを施す巻き上げ部分は特に念入りに

REPAIR SKILL 10

2019年版から取り外したソールユニットをクリーニングしたら、2009年版のアッパーも下処理を進めていこう。製造から10年以上経った古い接着剤跡は硬化が進み、厚い部分だと溶剤を使っても落としにくい場合がある。そうした際は溶剤を使う前に、物理的に削り取る方が効果的だ。個人でソールスワップを行う際もついアセトンに頼りがちになるが、何事も適材適所が作業効率を向上させるのだ。

33 AJ1のようなサイドを巻き上げたソールユニットを使用するスニーカーの場合、巻き上げ部分は接着強度が必要になるため、剥がした際の接着剤跡も厚くなる傾向が強い。そうした厚い接着剤跡は、カッターやデザインナイフでサクサクと削り取るに限る。

34 大まかに接着剤跡を除去したら布などを使って残りカスを取り除いてしまおう。もちろんギリギリまで接着剤跡をカッターで削り取った方が仕上げのクリーニングも楽になるが、やり過ぎるとアッパーを傷付けるリスクが増すので程々位が丁度良い。

35 クリーニングの仕上げはシンナーを染み込ませた布で拭きあげる。個人のリペアではアセトンで代用しよう。この際サイドの巻き上げ部分だけでなく、ソールと接する底面も拭いておこう。底面に接着剤跡が残った場合は、サンドペーパーやアセトンを染み込ませた綿棒で処理していく。

36 画像向かって右側がクリーニングを終えた状態のアッパーだ。ポリウレタン（ミッドソール素材）に比べ、レザー素材そのものは溶剤の影響を受けにくいが、表面の塗装は落ちやすくなってしまう。ソールを再接着すると見えなくなる部分とはいえ、溶剤の使い過ぎには注意すべきだ。

HOW TO KICKS REPAIR

REPAIR SKILL 11

接着面のプライマー処理
素材に合わせたプライマーを使い分ける

今回取材したプロショップでは、プライマーを使用するタイプの接着剤を使用している。個人のソールスワップにてプライマーを使わないタイプの接着剤を使用する人はP.120に進もう。AJ1を構成する主な素材は、アッパーのレザーとアウトソールのラバー（ゴム）、そしてミッドソールのポリウレタンだ。プライマーを必要とする接着剤を使う際には、それぞれの素材に適合するプライマーを用意しよう。

37
接着剤跡の処理が終わったアッパーとソールを合わせ、接着位置と素材を改めて確認する。AJ1の場合はアッパーに接着位置が残りやすいが、ソールスワップに不慣れなうちはこの時点で境界線にマスキングテープを貼り、再接着時の目印を作っておこう。

38
ソールユニットの接着面にプライマーを塗布する。AJ1の場合では平面部分がポリウレタン、サイドの巻き上げ部分はラバー（ゴム）素材になるので、それぞれに対応したプライマーかを確認の上で塗っていく。素材に合わないプライマーでは接着力が向上しないので注意が必要だ。

39
AJ1のアッパーにレザー用のプライマーを塗っていく。サイドの巻き上げ部分は特にしっかりと接着したいので、アッパーに残る接着跡を目印にしっかりと塗っておきたい。再接着時にプライマーを必要としない接着剤を使用する場合は、接着面のホコリなどを除去した後、接着工程に進もう。

40
アッパーとソールにプライマーを塗り終えたら、指で触って付着しなくなるまで乾燥させる。プロショップではホームセンターでも購入可能な洗濯用品のフックを使っていた。探せばスニーカー用のフックも販売されているが、使いやすければ何でも問題ない。

CASE STUDY #05
SOLE SWAP/ソールスワップ④
>> AIR JORDAN 1

#SOLE SWAP 4

119

CASE STUDY #05
SOLE SWAP/ソールスワップ④ >> AIR JORDAN 1

REPAIR SKILL 12

アッパーとソールに接着剤を塗布
乾燥させてから貼り合わせるタイプの接着剤を使用

メーカーを問わず、スニーカーの生産ラインでは乾く前に貼り合わせる一般的な使用方法の接着剤ではなく、表面が乾いてから貼り合わせるタイプが主に使用されている。そして今回取材したプロショップが使用するのも、乾いてから貼るシューズ専用接着剤だ。一般では入手しにくいプロ仕様の接着剤で、リペアを担当した職人も他の接着剤では替えが効かないと説明してくれた。

41 職人が使用した接着剤は2種類の液体を混合してから使用するタイプだ。探せば一般でも購入可能でプロ仕様の接着剤に興味がある人もいるかもしれないが、液体の混合率が非常にシビアになるため、スニーカーのリペアに不慣れなうちはP.066で紹介した使いやすい接着剤の使用を推奨したい。

42 プライマーが乾燥したら接着剤を塗っていく。最初はアッパーの接着跡に沿って塗り進め、ぐるりと塗り終えたら底面を処理すると塗り残しになりにくい。特にサイドの巻き上げ部分に塗り残しがあると仕上がり時に隙間になりやすいため、乾燥した後に2度塗りするのもお勧めだ。

43 アッパーに続いてソールユニットにも接着剤を塗っていこう。スニーカーに適した接着剤の多くは透明、もしくは白っぽい色なので、白いソールの接着面では塗った跡が見えにくく、塗り残しを確認し辛いので注意。縦横の筆運びを心がけ、時々パーツを持つ方向を変えるのも有効な対策だ。

44 アッパーとソールをしっかり乾燥させる。新品スニーカーの場合は問題ないが、ソールを剥がした際に埋め込まれているミッドソールの接着力が低下していると感じたら、この工程でミッドソールを剥がし、下処理を施した上で再接着すると安心だ。

HOW TO KICKS REPAIR

REPAIR SKILL 18

アッパーとソールの再接着
仕上がり時の美しさはこの工程で決まる

他のレポートでも触れているが、乾燥させてから接着するタイプの接着剤はステッカーの接着面を貼り合わせる感覚に近く、接着後のリカバリーが出来ない一発勝負になる。いくら丁寧に下時処理を行っても、貼り合わせを失敗すれば見た目が悪く仕上がってしまう。完成時の接着力は下時処理の影響を受けるが、見た目の美しさは貼り合わせ作業の集中力に掛かっているのだ。

45 乾燥させてから接着するタイプの接着剤の場合、塗布した面がステッカーのように触るとベタベタする状態になれば乾燥完了だ。乾燥させる接着剤には、貼り合わせの前に接着面を加熱するタイプも発売されているので、使用する接着剤の特性を理解しておく必要がある。

46 ヒール部分からアッパーとソールを合わせていく。アッパーにはステッチの穴が残っており、ソール側の穴と位置合わせしたくなるが、そもそも別のスニーカーから外したパーツなので、穴の位置は合わないのが当たり前。それよりも左右のブレが出ないように集中して作業を進める方が重要だ。

47 アッパーとソールを貼り合わせたら、シューズ用のソールプレスで圧着する。圧着面が人の足のようなカーブを描いているので効果的に圧着できるのだ。魅力的なマシンではあるが、家庭に導入しても他に使い道が無い。個人のソールスワップ時には人力で圧着しよう。

48 アッパーとソールを圧着したら、接着面の境界線に沿ってシューズ用ハンマーの打面を押し当てていく。圧着不足が無いようにフォローする目的があり、いかにもスニーカーをリペアしている雰囲気を醸し出す絵になる工程だ。参考までにネットショップでは7000円前後で本格的なハンマーが購入可能だ。

#SOLE SWAP 4

CASE STUDY #05
SOLE SWAP/ソールスワップ④
>> AIR JORDAN 1

CASE STUDY #05
SOLE SWAP/ソールスワップ④ >> AIR JORDAN 1

再接着したソールにステッチを施す

REPAIR SKILL 14

オールドスクール感溢れるディテールを再現

AJ1を表現するキーワードのひとつに"オールドスクール"がある。古風または昔風、昔ながらのスタイルなどを意味する言葉で、昔ながらのデザインを受け継ぐ復刻スニーカーに使われている。その"オールドスクール感"を醸し出すディテールが"オパンケ"製法の特徴であるソールのステッチだ。ここからはAJ1というスニーカーのデザインに欠かせない、ソールのステッチを施していく。

49

ソールスワップに適した接着剤を正しく使用すれば、普通に履けるスニーカーが出来上がる。摩耗したソールの修理だけならステッチを施す必要は無いのだが、ソールスワップを行う目的のひとつはオリジナルディテールの再現にある。その目的を達成するためには、ステッチの再現が欠かせない。

50

プロショップの職人が使う道具はこちら。P.067にて紹介した道具と同じ、クラフトショップで簡単に購入可能なステッチャーとステッチ糸である。価格も手ごろに設定されているのも嬉しいポイントだ。プロも愛用する道具を手に入れたら、あとは実戦あるのみだ。

51

一般的なソールスワップではソールの穴に合わせて針を刺していくが、今回取材したプロショップの職人は外側からではなく、シューズの内側から針を刺し始めた。針を刺す位置を合わせにくいようにも見えるのだが、その理由は次ページを確認すると納得するだろう。

52

ステッチャーに糸を通し、シューズの内側からソールの穴に合わせて針を刺す。針の先端が突き抜けたらステッチャーに通していない側の糸を引き抜き、シューズの外側に垂らしておく。続いて隣の穴に針を差し、ステッチャーを少し引いてループを作ろう。

122

HOW TO KICKS REPAIR

REPAIR SKILL 15

ソールにステッチ糸を縫い上げる
つま先部分の縫い付けが最難関

ハンドミシンとも呼ばれるステッチャーを使った縫い付けは、補強面だけでなく、見た目の演出にも働きかけるAJ1のソールスワップに欠かせない工程だ。この工程が終わればソールスワップも最終仕上げとなる。時間と手間の掛かる工程ではあるが、スニーカー愛を自負する人であればクラフトマンシップ（職人気質）を楽しむ贅沢な時間として受け止める位の余裕が欲しい。

53 ソールに出来たステッチ糸のループに、最初に垂らした糸を通していく。糸を通し終えたら両端を均等な力で引いて縫い上げる。この工程を繰り返すのが"オバンケ"製法だ。針の穴が詰まるデメリットがあるものの、ステッチ糸にロウを引いたタイプを使うと縫い上げた箇所が緩みにくい。

54 取材した職人が内側から針を刺す理由はつま先部分の縫製にある。スニーカーのつま先部分は外から見えにくいため、外から針を刺す場合ではループに糸を通す作業が手探りになってしまう。その点、内側から針を刺せばソールの外側にループを作れるため、糸を通すのが簡単になるのだ。

55 針を内側から刺すメリットは理解しても、やはりソールに空いた穴に針を通すのは難しいもの。もしも内側からの縫製に挑戦する場合は、外側から目打ち（千枚通し）を使ってガイド穴を作る手法もある。外側縫いと内側縫いの双方にメリットとデメリットがあるので、好みと技量に合わせて選択しよう。

56 ソール全体にステッチを施したら、垂らしていた糸を内側に引き込み、ステッチャーから外した糸と結んで固定しよう。結んだ糸はインソールの下に隠せば良いが、糸がインソールの脇から見えるのが気になればマスキングテープで固定すると安心だ。

CASE STUDY #05
SOLE SWAP / ソールスワップ④
>> AIR JORDAN 1

#SOLE SWAP 4

CASE STUDY #05
SOLE SWAP/ソールスワップ④ >> AIR JORDAN 1

REPAIR SKILL 16

ソールスワップの仕上げ
一旦は履き潰したAJ1が甦る瞬間を堪能する

ソールを剥がす工程から始まったAJ1のソールスワップも、遂に最終的な仕上げを残すのみ。実際にストリートで着用することを前提に、各部の仕上がりを確認していく。特にアッパーとソールの境界線は隙間が残っていると目立つだけでなく、履きジワの影響で隙間が広がるリスクもあるので念入りにチェックしよう。ソールが磨り減るまで使い込まれたスニーカーが今まさに甦ろうとしている。

57 2009年版のAJ1に使われていたインソールはそれなりに傷んでいたため、P.112で取り外した新品のインソールに交換する。この際、クッショニング性に優れる社外品のインソールに交換する選択肢もあるが、使えるパーツはなるべく使ってあげたいのが人情なのである。

58 目打ち（千枚通し）の先端をアッパーとソールの境界線に差し込むように、接着の状態を確認していく。もしも隙間になった箇所があれば、マイナスドライバーの先などで接着剤を隙間に差し込んで再び圧着しよう。見た目と強度の両面で、隙間の放置は厳禁だ。

59 しっかりと接着されたソールのつま先部分。接着箇所に妥協が無いからこそ"オパンケ"製法の象徴であるステッチが映えるのだ。一切隙間の無い仕上がりは、発売時期が10年も離れたパーツを使っている事実を忘れさせてくれるだろう。

60 ソールスワップ前には特にダメージが酷かったヒール部分もご覧の仕上がりだ。新品のソールに使用感のあるアッパーの組み合わせが新鮮で、アッパーの使用感もヴィンテージ感を醸し出す"エイジング"と評価したくなってくる。かつてのお気に入りが復活した感動は格別だ。

HOW TO KICKS REPAIR

REPAIR SKILL 17 — Complete

リペア完了
今すぐ履いて出かけたくなるスニーカーが完成した

大抵の場合、ソールスワップはまだまだ使えるスニーカーを1足潰すリペアスキルである。その行為に罪悪感を覚えるスニーカーファンもいるだろう。ただ、ソールスワップの対象となるスニーカーの多くは、自身のコレクションだけでなく、古着屋で手に入れたダメージスニーカーであっても誰かにとって特別なお宝だった1足に違いない。履いて楽しめる状態に復活したAJ1を目にすると、スニーカーを愛するファンにこそ身につけて欲しいリペアスキルだと強く思うのだ。

#SOLE SWAP 4

CASE STUDY #05
SOLE SWAP／ソールスワップ④
>> AIR JORDAN 1

CUSTOMIZE BUILDER INFORMATION

今回取材したリペア工房 アモールではソールスワップに限らず、スニーカーリペア全般の依頼を受け付け中。問い合わせは公式Webサイトの問い合わせフォームやメールにて連絡のこと。

リペア工房 アモール
千葉県千葉市若葉区千城台北1-1-9
オーシャンクリーニング本店内
TEL：043-309-4017
営業時間：10:00〜13:00／14:00〜19:00
定休日：毎週水曜及び第2、第3火曜日
http://www.rs-amor.sakura.ne.jp/

CASE STUDY
#06
ALL SOLE/オールソール

CASE STUDY #06

ALL SOLE/オールソール　≫ BLAZER

ソールが無ければ新たに作る
日本製のブレイザーをオールソールで復活させる

経年劣化や摩耗したソールを外して新しくソールを作成するオールソールは、スニーカーリペアのひとつの究極である。純正パーツを転用するソールスワップとは異なり、オリジナルのデザインとは異なる仕上がりになるケースが殆どで、リペアに求められるスキルも高く、上級者向けのスニーカーリペアと言わざるを得ない。
ただ、オールソール交換用のソールを探す必要も無く、アッパーが使用可能なコンディションであれば世の中に存在するほぼ全てのスニーカーを復活させることが可能だ。

取材協力：スニーカーアトランダム本八幡
ショップインフォメーションは P.086 から ≫

主な取得スキル
■破損したソールユニットの剥離 ……………P.127
■ソール素材の切り出し ……………………P.129
■ミッドソールの製作……………………………P.132
■アウトソールの製作……………………………P.135

CASE STUDY #06
ALL SOLE/オールソール >> BLAZER

破損したソールユニットを取り外す

REPAIR SKILL 1 日本製の貴重なスニーカーも履けなければ意味がない

今回リペアするブレイザーは、1970年代にデザインされたナイキ初のバッシュで、モデル名はナイキが本社を構えるオレゴン州に本拠地を置く"ポートランド・トレイルブレイザーズ"に由来する。ここでリペアするブレイザーは1981年に日本で生産された貴重な1足ではあるものの、ソールの痛みが酷く着用は難しいため、ソールユニットを新規に作成する"オールソール"で復活させる。

Repair Start

01
ブレイザーのソールは"バルカナイズ"と呼ばれる製法でアッパーに接着されているため、アセトンなどを使って剥離する事が出来ない。そのソールを外すには基本的にはソールを破壊するしかないのだ。"バルカナイズ"製法の詳細はP.142にて解説している→

02
ブレイザーのアウトソール面にカッターで切り込みを入れ、左右に引き裂くようにソールを外していく。酷く傷んだソールとは対照的に、アッパーに使われているレザーの質は高く、生産から40年近く経った今でも着用に耐えるコンディションを維持している。そのアッパーを活かすのがオールソールだ。

03
もう片足のソールは"削除プライヤー"や"ヒール剥がし"と呼ばれるシューズリペア用の屈強なペンチを使って剥がしていく。オールソールの場合は剥がしたソールを再利用する前提は無いので、剥がしやすい工具があれば何を使っても構わない。

04
ブレイザーのソールユニットを剥がし終えた状態。アッパー側の靴底には紙製の芯が使われていた。この芯は経年劣化で変色すると共にソールが破れていた箇所が傷んでいるものの、何とか原型を留めているためこのままリペアを進める事にした。

CASE STUDY #05
ALL SOLE/オールソール >> BLAZER

REPAIR SKILL 2

アッパー側接着面の下地処理
クリーニングとプライマー処理はオールソールでも必須工程

アッパーに残る接着剤跡の除去とプライマー処理を行っていく。プライマーを必要としない接着剤を使用する場合も接着剤跡はしっかりと除去しよう。ソールを剥がした時点のコンディションにもよるが年代物のスニーカーの場合、接着剤跡の硬化が進んでアセトンでは取りにくいケースがある。その場合は無理をして溶剤を使用するよりも、サンドペーパーで取り除いた方が効率的だ。

05 プロショップではベルト式のグラインダーで効率よく付着物を取り除いていく。個人でオールソールに挑戦する際には、サンドペーパーやアセトンなど、古くなった接着剤跡の状態を確認しながらクリーニング作業を進めていこう。

06 今回のブレイザーではソールが割けた部分から汚れが染みてしまい、クリーニングを施すのに手間が掛かってしまった。着用中のスニーカーをいつかリペアしようと考えている場合は、パーツが深刻なダメージを受ける前にリペアをスタートさせるなど、状態に応じた判断も必要だ。

07 アッパーのクリーニングが完了したら接着面にプライマーを塗っていく。プライマーには対応する素材が定められており、非対応の素材に塗布しても接着剤の強度が向上しない特性がある。プライマーと塗る箇所の素材の相性を確認してから作業を進めよう。

08 プライマーを塗り終えたらしっかりと乾燥させる。アッパー底面の紙芯は劣化が進んでいることもあり、手順通りに接着しても強度を期待するのは難しい。アッパーに被さる部分と底面にわずかに巻き込んだレザー素材で接着力を確保するため、プライマーの塗り残しが無いよう注意したい。

HOW TO KICKS REPAIR

REPAIR SKILL 8

一層目のミッドソールパーツを切り出す
オールソールならではのリペア作業がスタートする

アッパーの下処理が終わったらソールの製作工程に進んでいく。ここではスポンジシートから切り出したパーツを二層に重ね、さらにアウトソールを貼り重ねる三層構造のソールユニットを製作する。この工程では台所用品のような柔らかいスポンジではなく、指で押してもしっかりとした弾力のある、クラフト用のスポンジシートを使用。アッパーにソールのパーツを重ねるように作業を進めていく。

09
ブレイザーのオールソールで使用するミッドソール素材は、比較的入手しやすく、厚さのバリエーションも豊富なスポンジシートだ。今回は5ミリ厚のスポンジシートを貼り重ねてミッドソールを作成する。スポンジの厚さは仕上がり時のソールをイメージして選択しよう。

10
アッパーの底面をスポンジシートにあて、ボールペンなどを用いて大まかに型取りする。スポンジシートにはカラーバリエーションが豊富に用意されているので好みに合わせて選ぼう。パーツは切り出した後に改めて成形するため、この段階で精度を気にする必要は無い。

11
市販されているスポンジシートには、表面に微妙な凹凸が施されている商品も存在する。そのようなスポンジシートを購入した際には、表面をサンドペーパーなどでフラットな状態に加工すると用だろう。やすりを掛けると接着剤の食いつきも良くなるので一石二鳥だ。

12
パーツの切り出し作業に慣れてくると、アッパーの底面にスポンジシートを当てたまま、カッターを使ってパーツを切り出せるようになる。仕上げの成形が必須なのは変わらないものの、より底面の形状に近い形に切り出せるので、パーツを成形する作業が楽になるのだ。

CASE STUDY #05
ALL SOLE/オールソール >> BLAZER

REPAIR SKILL 4

フォクシングテープの下処理
アッパーとソールの接着強度を高めるアイテムを活用

ひと口にオールソールと言っても様々な手法があるが、今回はフォクシングテープを使用してソールを作成していく。フォクシングテープはアッパーとソールを跨ぐように巻き付けるパーツで、スニーカーに詳しい人であればコンバースやVANSのソールを思い出すだろう。オリジナルデザインのブレイザーには無いパーツではあるが、オールドスクール感を醸し出すルックスに仕上がるので相性は悪く無いはずだ。

13 フォクシングテープを使用するスニーカーは少なくないが、パーツ単体で一般ユーザーが購入するのは非常に難しい。東京都内であれば合羽橋道具街を探すと見つかるものの、Webショップでも扱い店が無いようだ。スニーカーリペア用品全体でも最も入手困難かもしれない。

14 フォクシングテープを入手できたら接着面の下処理を行おう。フォクシングテープは細かいディテールが型押しされている側が表面でフラットな状態なのが裏面だ。接着前には裏面をサンドペーパーでやすり掛けして、プライマーや接着剤が食いつきやすくなるように加工しておく。

15 フォクシングテープの裏面にプライマーを塗布する。フォクシングテープはゴム素材のテープなので対応するプライマーを用意しよう。またフォクシングテープは貼り付け段階で長さを調整するので、最初はソールの一周よりも長めに切断しておこう。

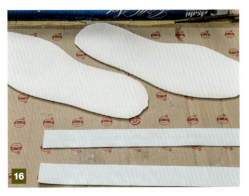

16 前頁で切り出したミッドソールパーツの接着面にもプライマーを塗り、フォクシングテープと共に乾燥させる。プライマーを使用しない接着剤を使用してもオールソールは可能だが、高い接着強度が必要なため、乾燥させてから貼り合わせるタイプの専用接着剤を推奨したい。

HOW TO KICKS REPAIR

REPAIR SKILL 5

アッパーと一層目のミッドソールに接着剤を塗布
上級者向けのスニーカーリペアでも基本は守る

各パーツのプライマーが乾燥したら、接着面に乾燥させてから貼り合わせるタイプのスニーカー専用接着剤を塗っていく。最初の工程で接着するのはアッパーと一層目のミッドソールだ。アッパーの接着面に使われている紙芯が強度的に不安ではあるが、一層目のミッドソールを接着すればある程度の強度も確保できるはずなので、サクサクと作業を進めてしまおう。

17

アッパーの接着面全体にスニーカー専用接着剤を塗布。強度が心配だった紙芯も、接着剤を塗り進めると意外なほどしっかりしていた。この状態であればミッドソールを丁寧に接着して、インソールを新しいものに交換すれば、問題なく着用できそうだ。

18

ミッドソールパーツのアッパーに接着する面にも接着剤を塗っていく。ブラシを動かす方向を変え、全体的に接着剤の塗り残しが無いように心がけるのは全てのスニーカーリペアに共通する基本動作である。リペアスキルとしては上級者向けのオールソールでも、基本が大切なのは変わらない。

19

接着面を処理したフォクシングテープにも接着剤を塗ってしまおう。オールソールの工程において、フォクシングテープの出番は最後になるが、今回使用した接着剤は、乾燥後にある程度放置しても接着力が低下しないので安心だ。

20

接着剤を塗り終えたらしっかりと乾燥させる。アッパーの接着面を並べてみると、ソールが破損していた箇所だけが極端に汚れているのが分かる。こうした汚れはパーツの劣化を誘発するので、こうなる前にリペアする必要性を改めて感じてしまう。

CASE STUDY #05
ALL SOLE/オールソール >> BLAZER

REPAIR SKILL 6

一層目のミッドソールを成形する
左右のバランスが美しさの決め手になる

アッパーと一層目のミッドソールパーツの接着剤が乾いたら、パーツの接着と成形工程に進もう。今回のオールソールでは最後にフォクシングテープで接着面を補強するが、一層目の接着が不十分だと、着用した際にソールが浮いたような履き心地になりかねないためしっかりと接着していく。ミッドソールパーツの成形も、パーツをしっかりと接着した後に行うとやりやすいのだ。

21 接着剤が乾いた状態でアッパーとミッドソールパーツを貼り合わせていく。この際にしっかりと圧着してやれば、高い接着力を発揮してくれるはずだ。パーツをしっかりと固定できたら、アッパーの底面からはみ出したミッドソールパーツをカッターを使用して切断する。

22 ミッドソールパーツをアッパーの底面に大まかに合わせたら、サンドペーパーやリューターを使って成形する。プロショップではベルト式のグラインダーで効率よく成形している。この作業をサンドペーパーだけで処理するのは相当な負担になるため、リューターの使用が必須になるだろう。

23 一層目のミッドソールを成形し終えたら左右の形状を確認。特に注意すべきはミッドソールの幅だ。フォクシングテープを使って仕上げる工法は、完成時に美しい曲線をソールに描き出すのが特徴だ。ミッドソールの幅が左右で異なると曲線の見栄えが悪くなるため、左右の幅合わせにはこだわりたい。

24 パーツの幅を確認したら、平らな面にブレイザーを置いて接地面とアッパーのバランスを確認する。ミッドソールの接着位置が内側、もしくは外側にずれていると、平面に置いた際にアッパーが傾く事がある。あまりにも接着位置がずれていた場合には、一旦パーツを剥がして再接着しよう。

HOW TO KICKS REPAIR

REPAIR SKILL 7 — 二層目のミッドソールパーツの作成
スニーカーの自然な傾斜を重ねたミッドソールで再現

一層目のミッドソールパーツ製作が完了したら、二層目のミッドソールパーツを製作しよう。スニーカーに不可欠な自然な傾斜の再現を目的に製作するパーツで、全体を斜めになるように成形し、フラットな一層目とアウトソールの間に挟み込んでソールに傾斜を作り出す。基本的にはP.104で紹介したAF1の作例と同一だ。ここでは二層目の長さを確定させる作業を中心にレポートする。

25 ヒール部分にスポンジシートを挟み、自然な傾斜を生み出すために必要な二層目の厚さを測定する。ここでいう自然な傾斜とは、ソールを浮かせた際に指の付け根辺りが設置する角度だ。つま先部分が設置する高さに合わせると、角度が急になりすぎて前のめり状態に仕上るので注意しよう。

26 ヒール部分にスポンジシートを挟んだ際に接地していた箇所に印を付ける。シューズの外側と内側の両方に印を付け、2か所の印を結ぶように線を引く。その線を引いた場所からヒール方向に広がる面が、二層目のミッドソールパーツに求められる形状を示しているのだ。

27 一層目のソール面に引いたラインに、スポンジシートの辺を合わせるように置く。その位置で一層目のソールに合わせて線を描くと、二層目に適した型が取れるのだ。同様に反対側の型取りも済ませたら、型取り線よりも大きめに切り出そう。

28 型取り線を引いていない面をグラインダーで削りパーツ全体に傾斜を付けていく。文字にすると単純だが、弾力のあるスポンジシートを直線的に削るのには高いスキルが要求される。平らな板を添え木にするなど工夫をこらし、何度か失敗するつもりで作業する位の余裕が必要だ。

CASE STUDY #05
ALL SOLE/オールソール >> BLAZER

REPAIR SKILL 8

二層目のミッドソールパーツの成形
履き心地の良し悪しに大きく影響するリペアスキル

スポンジシートから切り出したパーツの接着面にプライマーを塗り、乾いたら接着剤を塗布。その乾燥が確認できたら一層目のミッドソールパーツに接着していく。プライマー処理や接着剤の塗布は重要な工程ではあるが、こ(こ)までに何度も繰り返して紹介しているため誌面では割愛させて頂いた。二層目の成形も接着後に行うので、先ずは確実にパーツを貼り合わせよう。

29 二層目に塗った接着剤が乾燥したら、一層目の底面に引いたラインにパーツの端を合わせて接着する。もちろん一層目側の接着面も、プライマー処理と接着剤の塗布と乾燥を施した前提の工程になる。貼り合わせが完了したらしっかりと圧着してパーツを固定する。

30 パーツの固定が確認できたら一層目に合わせ、カッターを使って二層目を成形する。切断した断面が一層目と垂直に仕上がるのが理想的な仕上がりだ。カッターだけの成形に自信が無ければ、無理をせずにサンドペーパーやリューターを使って微調整しながら仕上げると安心だ。

31 両足の高さを確認しながら微調整を行う。高さに目に見えた違いがある場合は削りながら微調整を行うが、削り過ぎると後戻りができないので作業は慎重に進めよう。三層目となるアウトソールは貼り付け後に削って調整する事ができないため、この工程でしっかり高さを合わせよう。

32 二層のミッドソールパーツを貼り終えた状態。この作例では同じ色のスポンジシートからパーツを切り出したが、カラーの異なるスポンジを組み合わせれば、コルテッツのような2色ソールのディテールも再現可能。難易度は高いが、応用範囲が非常に広いリペアテクニックなのだ。

HOW TO KICKS REPAIR

REPAIR SKILL 9

アウトソールパーツの接着と成形
三層構造のソールユニットに仕上げる

ミッドソールに続いてはアウトソールの接着と成形だ。アウトソール用のラバーも専門性が高く、扱い店も少ないため理想のアウトソールパターン（デザイン）を見つけるには苦労を伴うだろう。それでもフォクシングテープよりは入手も簡単で、予算を気にしなければイタリアのビブラム製アウトソールも購入可能。多少苦労しても納得のいくアウトソール素材を手に入れよう。

33 アウトソール用のラバーの多くは革靴のリペア用に販売されているので、スニーカーに適した明るいカラーを見つけるには困難を伴う。それでも根気よく探せば画像のようなカラーも入手可能なので、スニーカーのイメージにあったパーツをセレクトしよう。

34 ラバーを大まかに切り出したら、それぞれの接着面に下処理を施す。ここで行うべき工程は、アウトソールの接着面にやすり掛けを施し、接着剤の食いつきを良くする下処理と、各接着面のプライマー処理と接着剤の塗布、そして作業に合わせた乾燥だ。

35 接着の準備が整ったら、ミッドソールとアウトソールを貼り合わせよう。しっかりと圧着してパーツの固定を確認したら、カッターやレザークラフト用のハサミを使って成形していく。但しミッドソールのスポンジシートとは比べ物にならないほど硬さのあるパーツなので、切れ味の良いハサミを用意したい。

36 シューズの持ち方を調整しながら、なるべくソールの断面が垂直に仕上がるように成形する。硬く弾力のあるアウトソールの成形時には無理に力を加えがち。無理に力を加えると断面が歪むリスクが高くなるため、パーツの切断に不慣れであればサンドペーパーやリューターで仕上げると良いだろう。

CASE STUDY #05
ALL SOLE/オールソール >> BLAZER

REPAIR SKILL 10

アウトソールの圧着
三層構造ソールの接着強度を高めていく

アウトソールの成形が完了したら再びソールを圧着する。これにはアウトソールだけでなく、三層に貼り重ねたソール全体の接着強度を高める目的がある。作業工程の選択肢として、予め3枚のソールパーツを作成して一度に貼り合わせる事も不可能では無いのだが、オールソールでは左右の高さ合わせも重要なので、都度修正可能な一層ごとに貼り合わせる手法を推奨せざるを得ないのだ。

37 三層に貼り重ねたソール全体を再び圧着する。プロショップではソールプレスを使用して効率的に圧着していた。個人の場合でもかなりの強度で圧着する必要がある。シューズのリペア用工具として販売されている台金（ブレイザーの左隣にある金属製の工具）の入手が可能であれば是非活用したい。

38 ヒール部分に続き、ソールの前半部も圧着する。究極的にはシューズ用のリペアマシン（フィニッシャー）を購入すれば作業環境を大きく改善できるが、かなりの出費と、それなりの設置スペースの確保は避けられない。出費と手間を考えると、プロショップにリペアを依頼する方が賢い選択だ。

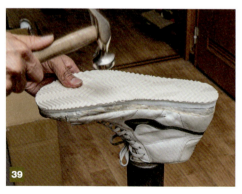

39 ソールプレスを使った圧着が完了したら、台金にブレイザーをはめてリペア用ハンマーで叩いていく。接着面の状態を確認しながら馴染ませる繊細な工程は、ソールプレスだけでは対応が難しい。職人のクラフトマンシップがオールソールの完成度を高めるのだ。

40 改めて左右のソールの高さを確認する。但し、この時点で左右の高さに違いがあっても修正は難しいので念のため。今回の作例ではプロショップの職人が丁寧にリペアを行っただけに、左右の高さ合わせは完璧な仕上がりで、完成時の美しさと履き心地の良さを予感させてくれる。

HOW TO KICKS REPAIR

REPAIR SKILL 11

フォクシングテープ接着面の準備
日本製ブレイザーを復活させるオールソールも最終段階に突入

ソールが完全に破損した日本製ブレイザーを、着用可能な状態へとリペアするオールソールもいよいよ最終段階に突入する。存在だけで貴重なスニーカーを"履けるお宝"として復活させるのだ。ここからの主な工程はフォクシングテープの接着と、それに向けた下処理である。Webでも殆ど紹介されていない、フォクシングテープの接着工程を紹介しよう。

41 フォクシングテープを接着した際の仕上がりは、ソールユニットの側面がいかに垂直に整えられているかに左右される。ここまでの工程でも側面の成形には細心の注意を払ってきたが、最後にもう一度グラインダーで磨き、いわゆる"ツライチ"状態に仕立てていく。

42 最後の仕上げを施したソールユニットの状態。カラーが同色なので分かりにくいが側面全体が文字通りの"ツライチ"になっている。この時点でのソールの厚さはヒール側で2センチ、つま先側で1.5センチに整えられている。僅か5ミリの高低差が快適な履き心地を演出するのだ。

43 フォクシングテープ貼る前に、お約束の下処理を施していく。ソールの側面にプライマーを塗り、乾燥後に接着剤を塗る。予めフォクシングテープの接着面には下処理を施しているので、ソール側の接着剤が乾燥すれば、いよいよフォクシングテープを貼り付けていこう。

44 フォクシングテープの貼り付けを開始する位置に特別な決まりは無いが、今回は着用時に目立ちにくい、シューズの内側からスタートする。テープを貼る高さはアッパーに残る接着跡に合わせるのが常套手段。この接着跡が目立たない場合、事前にマスキングテープを貼っておくのもお約束だ。

CASE STUDY #05
ALL SOLE/オールソール >> BLAZER

フォクシングテープ処理の仕上げ

REPAIR SKILL 12

耐久性も抜群のリペアスニーカーを完成させる

フォクシングテープはアッパーとソールの境界線をぐるりと回るように貼り付け、接着強度を高めるパーツだ。スケートボード用のスニーカーにフォクシングテープを使用するタイプが多いのも、高い接着強度の裏付けと言える。オールソールに使用した場合でも、手順さえ正しければ高い接着力を発揮するはずだ。数々の工程を経て、耐久性を気にせず履けるリペアスニーカーが完成する。

45
アッパーに残る接着跡に沿ってフォクシングテープを一周させたら、貼り合わせを開始した位置でテープを切り、両端の断面を合わせよう。貼り合わせたラインはソールに残るが、接着さえしっかりと行っていれば、ソールの耐久性は全く心配ない。

46
続いてアウトソール側にはみ出したフォクシングテープをカットする。このテープはアウトソールと同じゴム素材だが薄手のパーツなので、アウトソールまで削らないように注意しつつ、ソール面に合わせてカッターを引けば簡単にはみ出し部分がカットできる。

47
はみ出し部分を処理したら、切り取った面に残るバリをサンドペーパーなどで取り除く。大抵のバリは履いていれば自然に取れるのだろうが、手間をかけてリペアしたスニーカーであれば、履き始めからグッドコンディションで楽しみたいのは当然。その欲求を満たす作業も手を抜くべきではない。

48
最後の仕上げにフォクシングテープの接着状態を確認する。アッパーとソールに隙間なく接着できていれば、フォクシングテープがパーツに沿って美しいカーブを描いているはずだ。万が一隙間が見つかった場合も、接着剤を流し込んで再び圧着しておけば問題ない。

HOW TO KICKS REPAIR

REPAIR SKILL 13 *Complete*

リペア完了
履く価値のあるお宝スニーカーが完成した

プロショップの環境と職人のスキルにより、オールソールを施した日本製のブレイザーが完成した。ソールパターンも含め、新たに作り起こしたソールユニットは、オリジナルのデザインとは異なっている。だが、それが何だと言うのだろう。ソールが傷み、ボックスに入れて忘れかけていたお宝スニーカーが、今すぐに履いて出かけたくなるコンディションで蘇ったのだ。オールソールに求められるリペア技術の水準は高く、パーツを手に入れるのも想像以上に困難だ。ただ、ソールスワップでなければリペアできないスニーカーが存在するのも事実である。腕に覚えのあるスニーカーファンであれば、挑戦する価値はあるだろう。

※今回リペアを取材させて頂いたスニーカーアトランダム本八幡のショップインフォメーションはP.086を確認しよう→

KICKS DATA
NNIKE BLAZER
（1981）
111009
MADE IN JAPAN

オールソールに合わせ、インソールを交換するのもお勧め。100均ショップで販売されているEVA素材のインソールは、その価格を感じさせない履き心地が魅力の人気アイテムだ。

ワンランク上のクッショニングを求めるなら、コンバースの公式Webショップで発売されているカップインソールもお勧め。素材に厚さがあるためオリジナルのインソールを外して装着しよう。

■ CUSTOMIZE KICKS MAGAZINE COLUMNS #01

加水分解は何故起こるのか
経年劣化の原因と対処法

 10年経ったスニーカーが壊れるのは当たり前
だからこそ直して履くスニーカーライフが注目されている

スニーカーをコレクションする上で避けられないトラブルのひとつが、ミッドソールのウレタンがボロボロに崩れ落ちる加水分解（かすいぶんかい）だ。履き潰してソールが摩耗するのは諦めもつくが、一度も履かず、大切に保管していたハズのスニーカーが加水分解していた時のショックは計り知れない。

この加水分解が広く知られるようになったのは2000年を過ぎた辺りからである。それ以前からもオリジナルのエアジョーダン2のように加水分解しやすいスニーカーの存在は知られていたが、加水分解が"自分ごと"として認知されるようになった原因は、エアマックス95の存在が大きいだろう。社会現象とまで評された名作スニーカーは、スニーカーを履くという本来の目的だけでなく、履かずにコレクションするという価値観を生み出した。そのムーブメントに乗り、プレミア価格で購入したエアマックス95を大切に保管していたにも関わらず、何年かぶりに箱を開けた時にソールにひび割れ出来ているのである。そして履いている最中にソールが剥がれたというエピソードも、決して珍しい話ではない。履かないスニーカーも壊れてしまう。加水分解はエアマックス95の伝説と共に、多くのファンに共有されていった。

加水分解が発生するプロセスを簡単に説明すると、ウレタンゴムのエステル結合（酸とアルコールの間で水が失われて生成する結合）が大気中に含まれる水と反応して、酸とアルコールに分解されてしまう。これが加水分解と呼ばれている理由だ。大気中の水分と反応して起こる劣化なので、ウレタンゴムとして完成した瞬間から加水分解が始まっている。悪いことに高温多湿と表現される日本の気象条件下では加水分解が促進されてしまうのだ。毎月第2日曜日にロサンゼルスで開催されている全米最大級のフリーマーケット"Rose Bowl Flea Market"に足を運ぶと、10年以上前に発売されたスニーカーが、驚くほど良いコンディションで並んでいるのを見かける。その理由もロサンゼルスの空気が乾燥しているからだ。

その事実を踏まえると、空気中の水分を完全に除去して保存したり、真空状態でパッキンスすれば加水分解の進行を防ぐことができる理屈になる。実際に大切なスニーカーを真空パックしているコレクターも少なくない。スニーカーから大気中の水分をシャットダウンする対処法は、貴重なコレクションを資料として後世に残す意味では正解と言え、投機目的でプレミアスニーカーを購入している人にとっては、欠かせない加水分解対策かもしれない。ただ、真空パックされたスニーカーを履くことは出来ない事は、説明するまでも無い。

お気に入りのスニーカーを履きながら、少しでも長く使い続ける加水分解対策とは何か。その答えのひとつが"履く"というシンプルな行為だ。それも連続して履くのではなく、着用後は数日間空け、汗をしっかり乾燥させてやるのが効果的である。さらにスニーカーに付属するボックスに入れたまま積み上げる行為も避けるべきだ。履かないスニーカーは直射日光が当たらず、風通しの良い場所に置くのが理想的であり、空気の動きが少ないボックスとは正反対の環境だ。これらは科学的に実証された加水分解対策ではなく、あくまで経験則に基づく対処法に過ぎず、詳細に研究すると現在の常識とは違った結果が導き出されるかもしれない。それでも壊れる前にお気に入りのスニーカーを履いて楽しむ加水分解対策は、日々のスニーカーライフにデメリットを生じさせることはない。

そして今、現代のスニーカーシーンではソールスワップを始めとするスニーカーリペア技術が注目され、スニーカー専用のクリーニング剤や接着剤の新製品が次々と登場している。そうしたリペア用品は今後も増え続け、スニーカーリペアのハードルを低くしてくれるに違いない。さらに壊れたスニーカーはリペアして履くのが当たり前になり、ニーズが高まれば、スニーカーリペアを得意とするプロショップも増加するだろう。壊れたスニーカーはリペアで復活させるのが当たり前になり、加水分解を恐れる意味が無くなる時代が目前に迫っているのだ。

■ CUSTOMIZE KICKS MAGAZINE COLUMNS #02

劣化した合成皮革は加水分解と同じ
スポーツシューズに求められる性能が
素材の劣化を招く

2000年前後のハイテクスニーカーに起こりやすい
経年劣化したアッパーはリペアできるのか

スニーカーの経年劣化はソールユニットに限ったものではなく、アッパー側も素材によっては経年劣化の影響が大きく表れてしまう。例えば過去に人気を集めたハイテクスニーカーでは、アッパーの合成皮革がひび割れ、表面がベタベタする経年劣化に悩まされるケースが少なくない。表面が少しベタつく程度であれば、パテントレザー用のローション（M.モゥブレィ社のラックパテントなど）を使ってベタつきを少なくする事もできる。だが、合成皮革がひび割れている場合は厄介だ。このひび割れはソールの加水分解と同じように、素材そのものが劣化した状態である。仮にひび割れた面にコーティングを施しても、いずれコーティングごと剥がれてしまうだろう。

経年劣化に弱い合成皮革がハイテクスニーカーに多用されているのは、そのスニーカーが街履き用ではなく、瞬間的なパフォーマンスが重視されるスポーツシューズとして設計されているからだ。コンディションの良い合成皮革は軽く、汚れに対するケアも簡単だ。しかもスポーツシューズの多くは毎年ニューモデルが発売されるので、性能を求めるアスリートは定期的に新しいシューズに買い替えるのが当たり前になる。例え素材の耐久性が低くても、僅かでもスポーツシューズに求められるパフォーマンスが向上するのであれば、合成皮革をハイテクスニーカーに採用するのは当然の選択と言える。

合成皮革がひび割れたスニーカーを復活させる方法は、パーツを縫い合わせるミシン目を全て外し、縫い合わせ前のパーツ形状を確認した上で、同じ形状のパーツを新たに作り起こし再度縫い合わせるパーツ交換しか選択肢がない。劣化しやすいアッパー素材としてはTPU（熱可塑性ウレタン）素材もあり、これが破損した際も別のパーツに置き換える必要がある。例えばオリジナルが1984年に発売されたエアジョーダン4の"ブラックセメント"と呼ばれるカラーでは、アッパーに合成皮革を多用し補強部分にTPUパーツを使用する。さらにソールユニットも加水分解するため、シューズのありとあらゆる部分で経年劣化が進んでいくのだ。ナイキに限らず過去のハイテクスニーカーを復刻する場合には、オリジナルの合成皮革を天然皮革に変更し、当時は無視されていた耐久性を向上させたケースもある。その一方で、オリジナルディテールを尊重する一部のスニーカーファンは素材の違いをネガティブに受け取る傾向が強く、メーカーのデザイン担当者も頭を悩ませている事だろう。

確かに合成皮革の経年劣化に立ち向かい、新規に作り起こしたパーツに交換してスニーカーを復活させた事例は存在する。さらに経年劣化していないスニーカーのパーツをリザードやクロコダイルといった高級皮革で作ったパーツと交換して、ラグジュアリー感溢れるカスタマイズスニーカーとして販売するブランドもある。日本の浅草を発祥とするHender Scheme（エンダースキーマ）も、革靴製作スキルを活かしたスニーカーをラインナップしているが、それもリペアを目的としたものではない。劣化した合成皮革を交換する工程は一般的なリペアの範疇を超え、プロショップの職人と同等のスキルが求められる。そしてパーツ交換という作業を突き詰めると、リペアよりもドレスアップというキーワードで表現すべきスニーカーに仕上がるのだ。それが本書でアッパーのパーツ交換事例を掲載していない理由に他ならない。

今後、スニーカーのカスタマイズやドレスアップをテーマにした書籍を編集する機会に恵まれた際には、アッパーのパーツ交換事例についても詳細にレポートしようと思う。

■ CUSTOMIZE KICKS MAGAZINE COLUMNS #03

リペア前に知っておきたいスニーカーの作り方
スニーカーの製法を知れば
リペア工程の進め方が見えてくる

 セメント製法

大量生産にも向く様々なメリットに溢れる最も一般的な製法

　セメント式やセメンテッド式とも呼ばれるスニーカーの製法で、エアマックスやAJ2以降のエアジョーダンなどの人気モデルだけでなく、量販店向けの低価格スニーカーも採用する最も一般的な製法と言える。アッパーとソールを縫い合わせずに、接着剤で貼り合わせるのが特徴で、1950年代にシューズ用の接着剤が改良され、接着力が大きく向上して以降、多くのシューズメーカーが取り入れるようになったと伝えられる、スニーカーの製法としては比較的新しい技術だ。また、セメント製法はコストが安く大量生産に向いているだけでなく、ソールのデザインに制約が少ないメリットも併せ持っている。様々な面でメリットがある一方、耐久性は接着剤のみに依存しており、接着剤の劣化が進むとパーツが剥がれやすくなってしまう。

そうした弱点を克服する目的で接着剤のアップデートが継続され、2000年以前にセメント製法で作られたスニーカーに比べると、2019年に生産されたスニーカーの方が、圧倒的に接着力が高く、かつ劣化に対する耐久性も向上している。

　スニーカーリペアの視点で見た場合、セメント製法のスニーカーは比較的リペアしやすいと言えるだろう。ソールが剥がれてしまった際には接着面に残る接着剤跡をクリーニングして、再び接着剤を塗りって再接着すればリペアも完了する。この特性を活かして劣化したソールユニットの代わりに、新品スニーカーから外したソールユニットを貼り合わせるのが"ソールスワップ"と呼ばれるリペアテクニックだ。

 オパンケ製法

ステッチ糸がデザインのアクセントとして活きる

　エアジョーダン1やダンクに代表される、1980年代にデザインされたコートシューズ（テニスやバスケットボールなどコート面で使用するスポーツシューズ）に多く採用されているのがオパンケ製法だ。アウトソールのサイド部分を巻き上げてアッパーに被せ、ステッチ糸で縫い付ける製法で、オパンカ製法やサイドマッケイ製法とも呼ばれている。前後左右のストップアンドゴーなどあらゆる方向の動きを支えるコートシューズは、ランニングシューズよりも高い強度が要求されるため、補強の意味でオパンケ製法を採用していたのだ。最新デザインのスニーカーに採用される製法ではないが、1980年代のコートシューズは復刻モデルも多く、ヴィンテージ感を醸し出すディテールとして認識しているスニーカーファンも少なくないだろ

う。元々はレザーシューズ用に開発された技術であり、スペインを代表するシューズブランドと讃えられるMagnanni（マグナーニ）社のレザーシューズは、今も土踏まずの部分をオパンケ製法で仕立てている。

　スニーカーリペアの視点で見た場合、ソールの剥離や再接着工程自体はセメント製法と大差ないが、ハンドステッチャーを使ってアッパーとソールを縫い合わせる"オパンケ縫い"をマスターする必要がある。デザインの特性上、つま先部分の"オパンケ縫い"が難しくなるので、スキルの完全な習得にはある程度の経験を積む必要があるだろう。

バルカナイズ製法

100年以上の歴史を持つスニーカーファンに馴染み深い製法

　現在発売されているスニーカーの技術で、最も歴史のある製法のひとつがバルカナイズ製法だ。1917年にコンバースが開発したオールスターにも採用されている。バルカナイズとは日本語で加硫（かりゅう）と表記される化学反応の一種で、縫製したアッパーの接着面に加硫剤を混ぜたゴムを貼り、バルカナイザーと呼ばれる専用の釜で高温の蒸気を用いて1時間ほど加熱と加圧を施す製法だ。この工程で加硫剤が溶解してアッパーの素材や隙間に入り込み、高い接着強度を生み出すのである。バルカナイザーは"加硫缶"とも呼ばれるが、缶と言っても人が楽に入れる大きさで、国内のシューズメーカーでは数えるほどしか現存しておらず、ムーンスターではバルカナイズ製法そのものを自社のブランディングにも活用している。また、仕上がり状態が似ている製法にインジェクション製法があるが、そちらは加硫剤ではなく、液状の合成樹脂を使用する点が異なっている。

　バルカナイズ製法のスニーカーをリペアする際、最も苦労するのはソールの剥離だ。アッパー素材との接着力が非常に強く、完全に剥がすためにはソールを破壊しなければならないケースが多い。それはソールスワップ時の交換用ソールが用意できない事を意味するもので、この製法で作られたスニーカーのソールリペアは、シューグー等の補修かオールソールが前提になる。

HOW TO KICKS REPAIR
スニーカーリペアブック

2019年8月25日　初版第1刷発行
2021年6月25日　初版第2刷発行

編・著　　CUSTOMIZE KICKS MAGAZINE編集部
発行者　　長瀬 聡
発行所　　グラフィック社
　　　　　〒102-0073　東京都千代田区九段北1-14-17
　　　　　tel.03-3263-4318（代表）　03-3263-4579（編集）
　　　　　fax.03-3263-5297
　　　　　郵便振替　00130-6-114345
　　　　　http://www.graphicsha.co.jp/
　　　　　印刷・製本　図書印刷株式会社

EDITOR/WRITER　　HIROSHI SATO
EDITOR　　　　　　AKIRA SAKAMOTO
PHOTOGRAPHER　　KAZUSHIGE TAKASHIMA（COLORS）
DESIGN　　　　　　HIROAKI SHIOTA

SPECIAL THANKS　　DAICHI TAKEMOTO
　　　　　　　　　　NAOKI HARADA
　　　　　　　　　　SOSHI-MUZIC
　　　　　　　　　　TAKESHI TSUBOYA
　　　　　　　　　　TAKUMI KIDOKORO

定価はカバーに表示してあります。
乱丁・落丁本は、小社業務部宛にお送りください。小社送料負担にてお取り替え致します。
著作権法上、本書掲載の写真・図・文の無断転載・借用・複製は禁じられています。
本書のコピー、スキャン、デジタル化等の無断複製は著作権法上の例外を除き禁じられています。
本書を代行業者等の第三者に依頼してスキャンやデジタル化することは、
たとえ個人や家庭内での利用であっても著作権法上認められておりません。

ISBN978-4-7661-3349-3
Printed in Japan